中等职业教育计算机专业系列教材

AutoCAD
JICHU JIAOCHENG

# AutoCAD
# 基础教程

（第二版）


■ 总主编　张小毅

■ 主　编　胡　凯

■ 副主编　袁恩强　黄小珍
　　　　　陆　维　陈方俊

■ 参　编　童　建　郑开敏


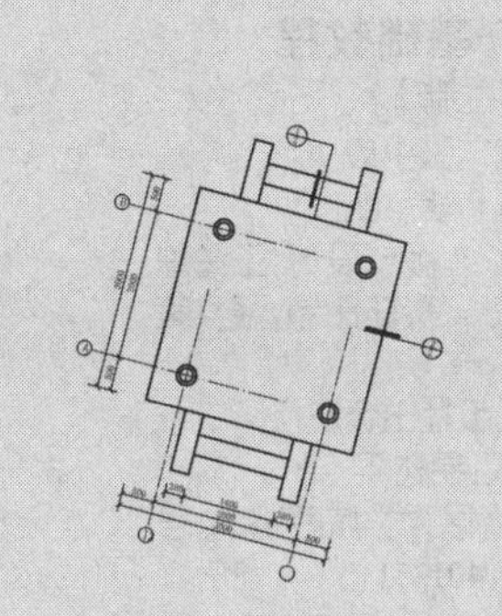

ZHONGDENG ZHIYE JIAOYU
JISUANJI ZHUANYE XILIE JIAOCAI

重庆大学出版社

## 内容提要

本书由浅入深、循序渐进地介绍了 AutoCAD 的基本功能和基础应用。全书按“模块→任务→活动”的方式编写，共分 6 个模块，包含了 CAD 应用基础、常见机械和建筑图纸的绘制、简单三维图形的绘制等内容。

本书定位于初学者，针对性强，内容浅显，讲述详尽，结构清晰，具有很强的实用性，是一本适合职业学校机械、汽修、模具、数控、建筑等专业的教材，也是广大初级 AutoCAD 用户很好的自学参考书。

**图书在版编目(CIP)数据**

AutoCAD 基础教程／胡凯主编. -- 2 版.—重庆：重庆大学出版社，2019.1

中等职业教育计算机专业系列教材

ISBN 978-7-5624-9797-4

Ⅰ. ①A… Ⅱ. ①胡… Ⅲ. ①AutoCAD 软件—中等专业学校—教材 Ⅳ. ①TP391. 72

中国版本图书馆 CIP 数据核字(2016)第 111555 号

**中等职业教育计算机专业系列教材**
**AutoCAD 基础教程**
(第二版)

总主编 张小毅
主 编 胡 凯

责任编辑：王海琼 版式设计：王海琼
责任校对：谢 芳 责任印制：张 策

*

重庆大学出版社出版发行
出版人：易树平
社址：重庆市沙坪坝区大学城西路 21 号
邮编：401331
电话：(023) 88617190 88617185(中小学)
传真：(023) 88617186 88617166
网址：http://www.cqup.com.cn
邮箱：fxk@ cqup.com.cn (营销中心)
全国新华书店经销
重庆市正前方彩色印刷有限公司印刷

*

开本：787mm×1092mm 1/16 印张：10.5 字数：194 千
2019 年 1 月第 2 版 2019 年 1 月第 4 次印刷
印数：7 001—10 000
ISBN 978-7-5624-9797-4 定价：26.00 元

---

AutoCAD是美国Autodesk公司于20世纪80年代初开发的绘图程序软件，经过不断地完善，现已经成为国际上广为流行的绘图工具，广泛应用于土木建筑、装饰、装潢、城市规划、园林设计、电子电路、机械设计、服装鞋帽、航空航天、轻工化工等诸多领域。鉴于此，很多职业学校都将AutoCAD作为了主要的专业课程，但在实际使用中，我们认为部分教材存在内容难、多，讲述不详细和不连贯，习题过少等问题，导致教学基本靠老师讲解，教材没有发挥应用作用。同时也增大了教学难度和劳动强度，给我们的专业教育带来了极大困难。

在习近平新时代中国特色社会主义指导下，我们力求落实职业教育建设新要求，努力寻找职业教育的新模式。针对以上情况，我们认为适合中职学校的教材应该只讲述最常用的知识，同时讲述力求细致，图文并茂，甚至不厌其烦，尽量多涉及学生遇到的问题，真正做到好用、易用，让学生看得懂、老师用得轻松，让这样的教材真正成为老师的得力助手。本着以上设想，我们编写了这样一本教材。本教材按“模块→任务→活动”的方式编写，共分6个模块，将理论知识的讲述融入任务的操作过程中，让理论学习与实际应用紧密结合。在教材中穿插诸如“做一做”“友情提示”“相关知识”“知识窗”等小栏目，让学生在轻松、互动的环境中学习。本教材以介绍AutoCAD的基础应用为主，侧重于在机械及建筑专业上的应用，主要使用对象是中职学校相关专业的师生，也可以作为职业学校的公共课教材。同时由于该教材定位于初学者，内容浅显，讲述详尽，也是自学者的好帮手。相对于第一版，本次改版做了较大改动。首先是软件版本升级，从2004升级到了2010版本，使之更加切合实际。其次加入了建筑施工图的绘制模块，其应用更加广泛。

本教材配有电子课件和电子教案，供教师教学参考，需要者可到重庆大学出版社的资源网站（www.cqup.cn，密码和用户名：cqup）下载。另外，教材中涉及的单位均为mm。

编写本教材的人员均为国家级重点职业学校的老师，其中模块一由袁恩强编写，模块二由胡凯编写并完成统稿工作，模块三由黄小珍编写，模块四由陆维编写，模块五由陈方俊编写，模块六由童建、郑开敏编写。本教材在编写过程中，得到了重庆市教科院、重庆大学出版社的大力支持和帮助，在此一并致以衷心感谢。

由于作者水平有限，书中难免存在错误和不妥之处，敬请广大读者批评指正。

编　者

2018年6月

AutoCAD JICHU JIAOCHENG

# MULU

# 目录

# 模块一 / 初识 AutoCAD

本模块主要讲述 AutoCAD 的基础知识，熟悉 AutoCAD 的基本操作及相关设置，为正式绘图做好准备。

具体任务：

+ 安装、启动和退出 AutoCAD
+ 认识 AutoCAD 的工作界面
+ 认识 AutoCAD 的菜单和工具栏
+ 掌握 AutoCAD 的文件管理
+ 掌握辅助绘图工具
+ 显示控制图形
+ 绘制简单的图形

NO.1 [任务一]

# 安装、启动和退出 AutoCAD

本任务主要学习 AutoCAD 的安装、启动与退出的几种方法，主要掌握自己认为最常用或最简单的一种或两种方法。

## 活动 1　安装 AutoCAD

（1）解压 AutoCAD 的安装文件，找到并双击“setup.exe”文件，进入安装向导。

（2）选择“安装产品”，如图 1-1-1 所示。

图 1-1-1

（3）选择要安装的产品，并在对应的方框内打上“☑”，如图 1-1-2 所示，再单击“下一步”按钮。

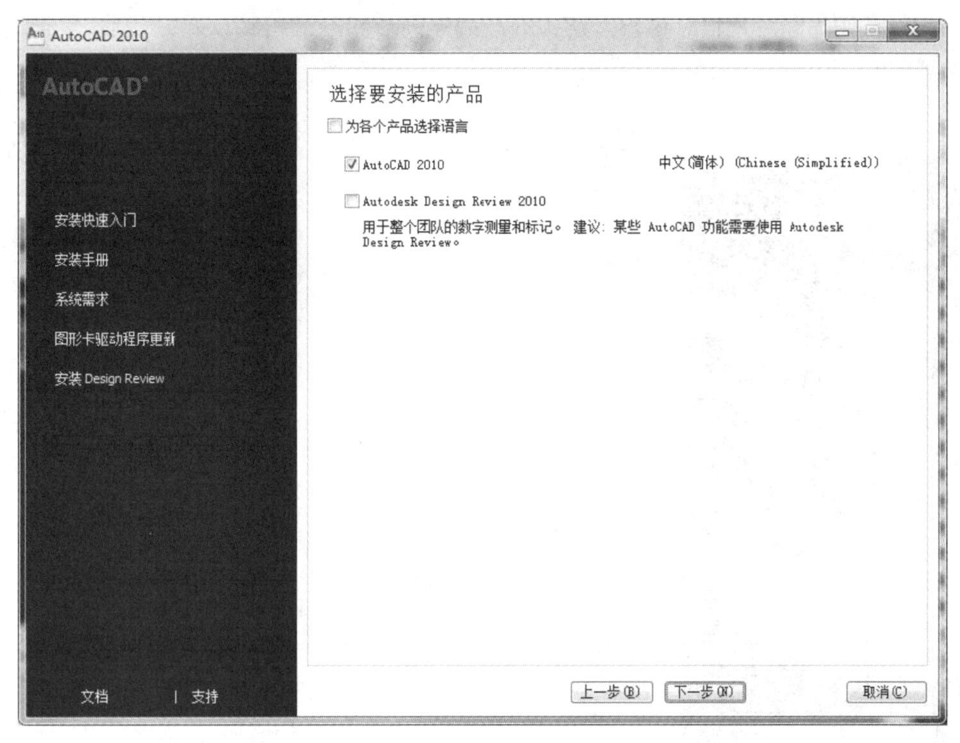


图 1-1-2

(4)初始化完成后,进入接受许可协议,如图 1-1-3 所示。单击“我接受”前的小圆圈,再单击“下一步”按钮。

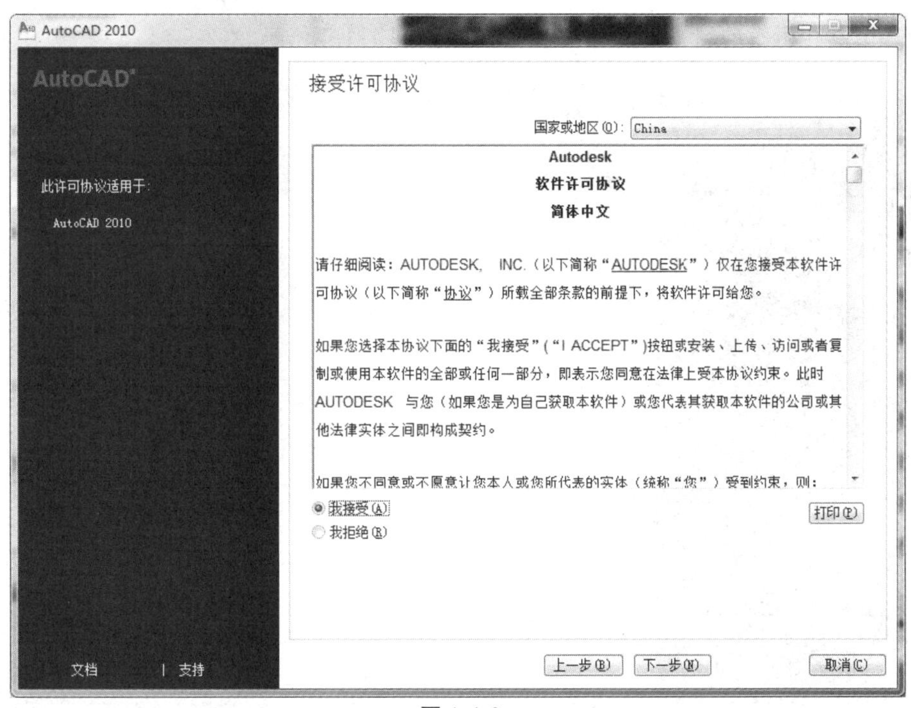


图 1-1-3

(5)在产品和用户信息中输入购买的产品序列号和产品密钥以及姓名后，单击“下一步”按钮，如图 1-1-4 所示。

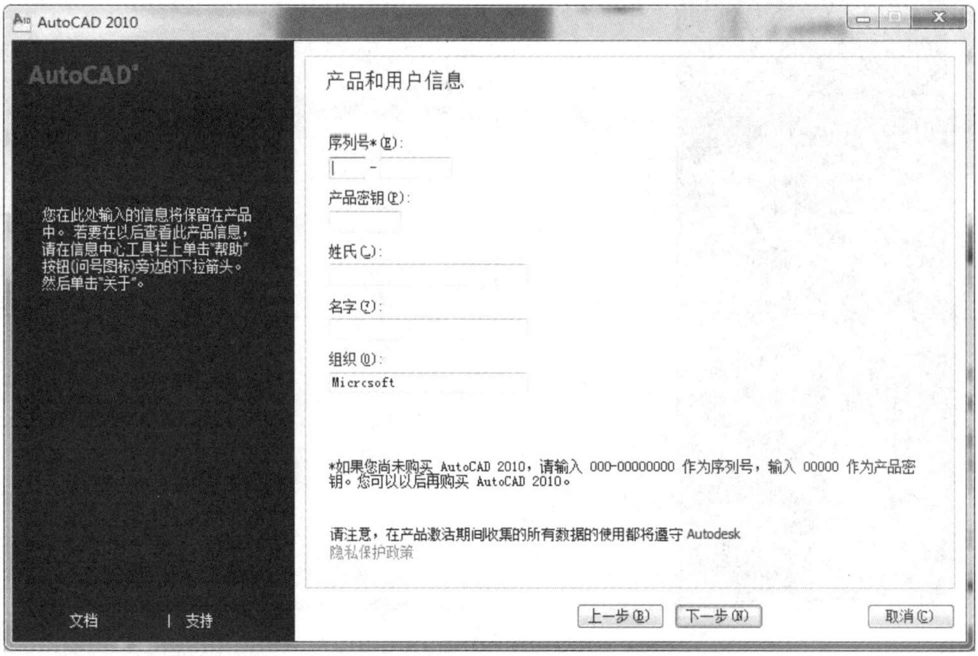

AutoCAD 2010
AutoCAD
产品和用户信息
序列号*(E):
产品密钥(P):
姓氏(L):
名字(F):
组织(O):
Micrcsoft
您在此处输入的信息将保留在产品中。若要在以后查看此产品信息，请在信息中心工具栏上单击“帮助”按钮(问号图标)旁边的下拉箭头。然后单击“关于”。
*如果您尚未购买 AutoCAD 2010，请输入 000-00000000 作为序列号，输入 00000 作为产品密钥。您可以以后再购买 AutoCAD 2010。
请注意，在产品激活期间收集的所有数据的使用都将遵守 Autodesk
隐私保护政策
文档
支持
上一步(B)
下一步(N)
取消(C)

图 1-1-4

(6)在配置安装界面中选择 
选择要配置的产品(S):
AutoCAD 2010
配置(O)
中的“配置”，可对安装进行一些配置。选择许可类型后，单击“下一步”按钮，如图 1-1-5 所示。

AutoCAD 2010
AutoCAD
AutoCAD 2010
选择许可类型
单机许可(S)
网络许可(T)
单机许可类型和网络许可类型之间有何不同?
第 1 页，共 4 页
上一步(B)
下一步(N)
安装(I)
配置完成(F)
取消(C)
文档
支持

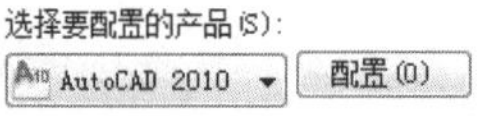

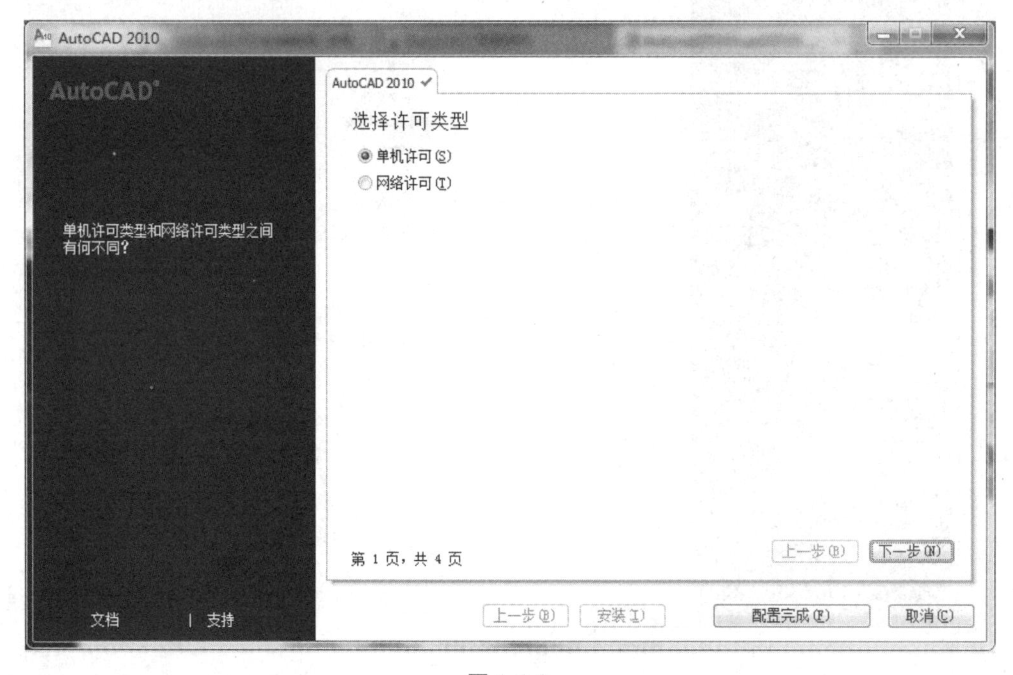

图 1-1-5

(7)选择安装的类型和路径,单击“配置完成”按钮,如图 1-1-6 所示。

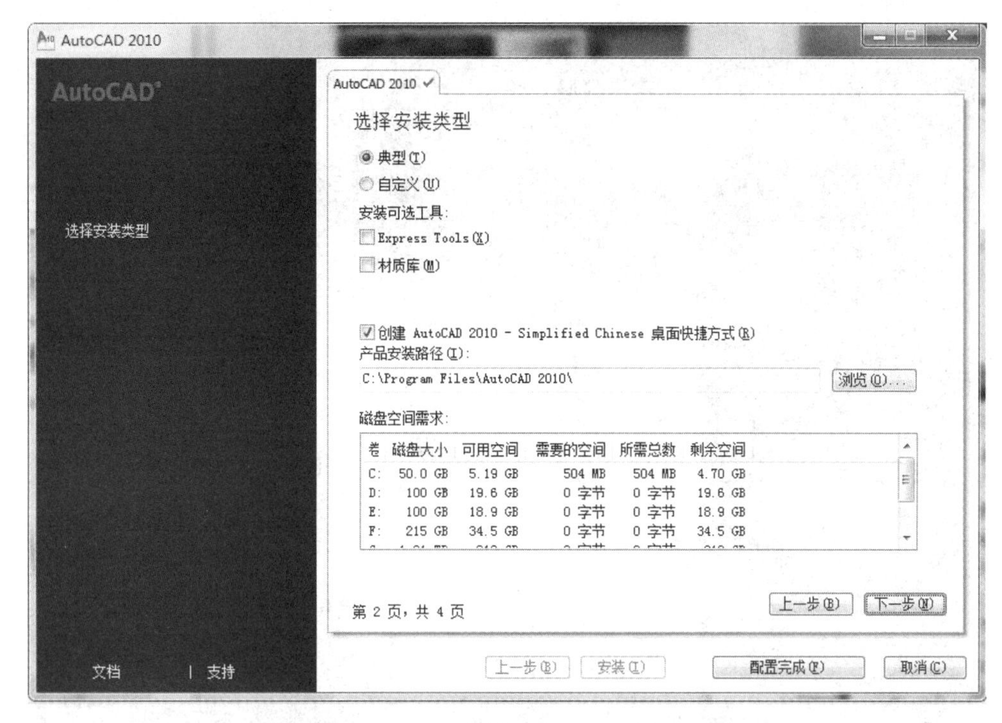


图 1-1-6

(8)单击“安装”按钮,如图 1-1-7 所示。

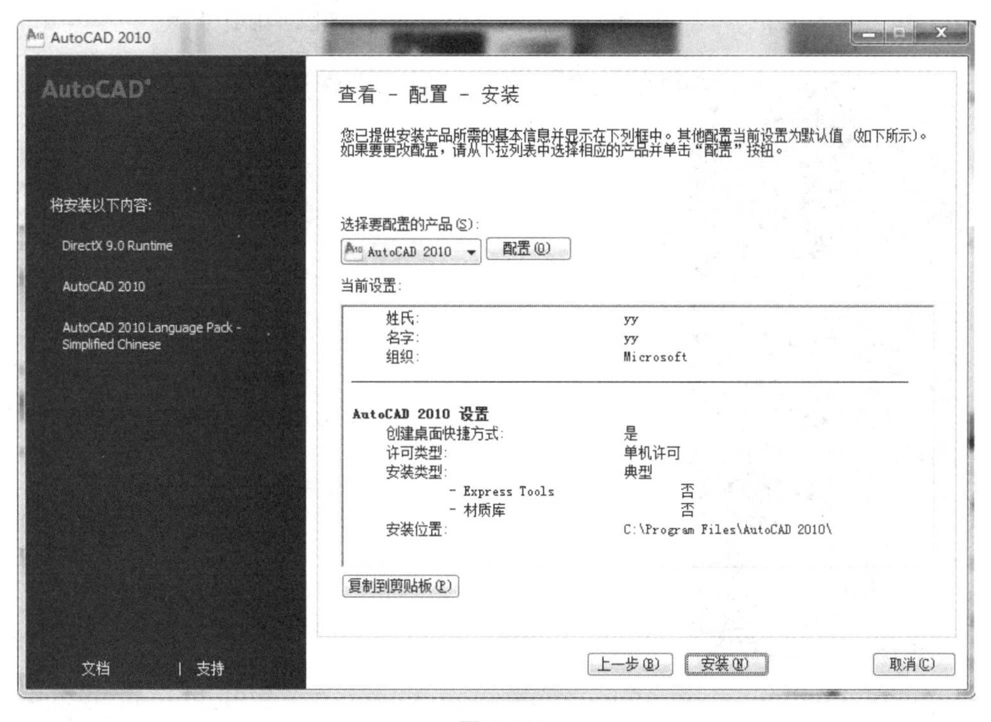


图 1-1-7

(9)开始进行安装,如图 1-1-8 所示。

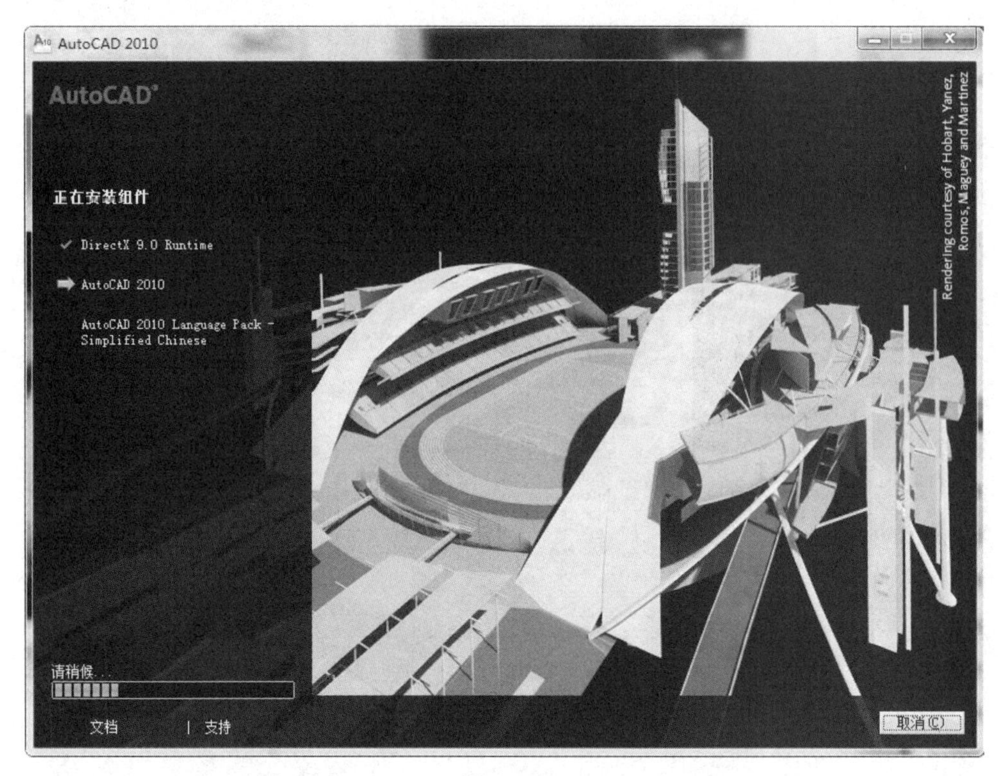


图 1-1-8

(10)安装完成后,单击“完成”按钮,结束安装向导,如图 1-1-9 所示。

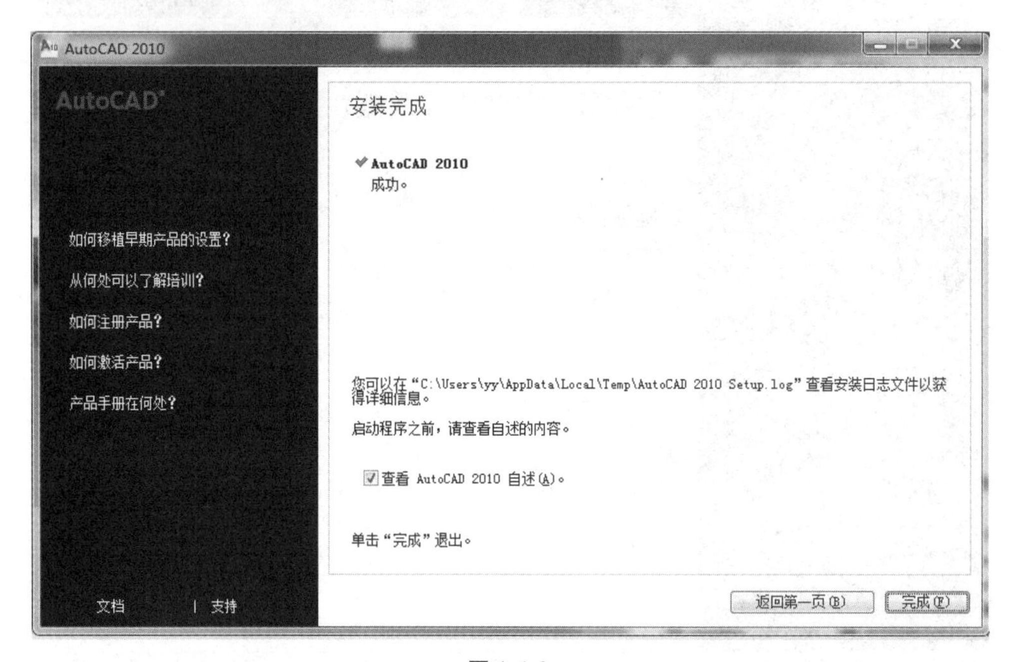


图 1-1-9

## 活动2　启动 AutoCAD

启动 AutoCAD 有以下 3 种方法：

（1）双击桌面上的 AutoCAD 快捷图标。

（2）单击“开始”按钮，选择“程序”→“Autodesk”→“AutoCAD 2010-Simplified Chinese”。

（3）双击任何一个 CAD 文件的图标。

## 活动3　退出 AutoCAD

退出 AutoCAD 有以下 4 种方法：

（1）在 AutoCAD 的工作界面中，单击左上角的“应用程序菜单”中的“退出 AutoCAD”。

（2）单击 AutoCAD 标题栏上的关闭按钮。

（3）按“Alt+F4”快捷键。

（4）在命令行中输入：quit（或 exit）。

### 友情提示

退出 AutoCAD 时，如果当前的图形文件没有被保存，则系统将弹出提示对话框，提示用户在退出 AutoCAD 前保存或放弃对图形所做的修改。

### 做一做

（1）启动 AutoCAD 的方法有____种，你最常用的是________________________________。

（2）退出 AutoCAD 的方法有____种，你最常用的是________________________________。

NO.2 [ 任务二 ]

# 认识 AutoCAD 的工作界面

AutoCAD 的工作界面是我们平时绘图的主要工作区域，必须对工作界面上的每一个菜单和工具的使用有充分的认识和了解。AutoCAD 为用户提供了 3 种以上的工作界面以满足不同行业的用户使用，分别是二维草图与注释、三维建模和 AutoCAD 经典，还有一个是完全安装后形成的初始设置工作空间。

启动 AutoCAD 后，默认进入的是“初始设置工作空间”。显示工作界面的基本内容如图 1-2-1 所示。

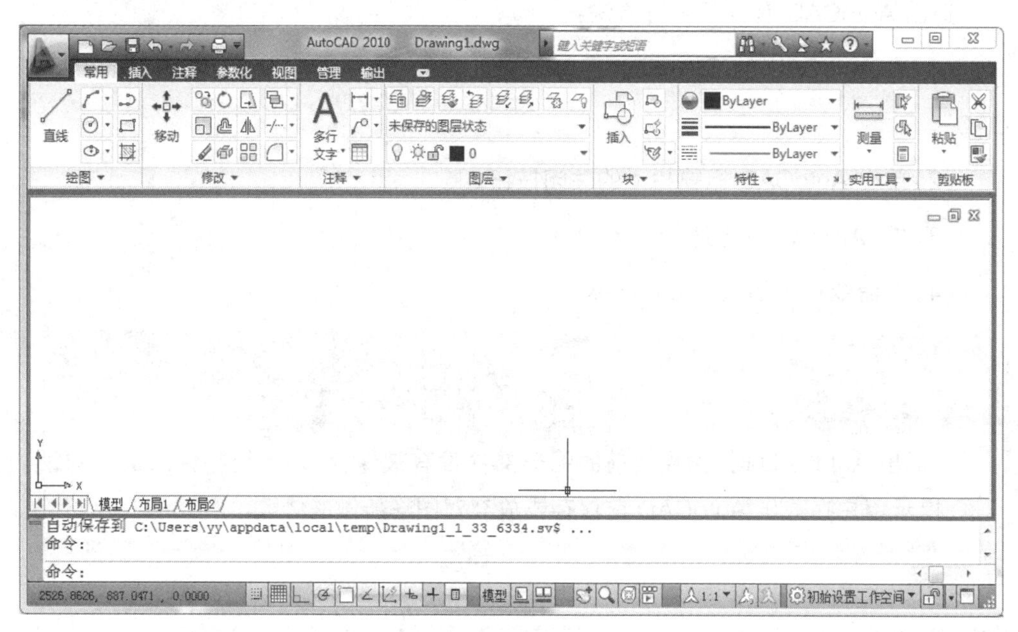


图 1-2-1

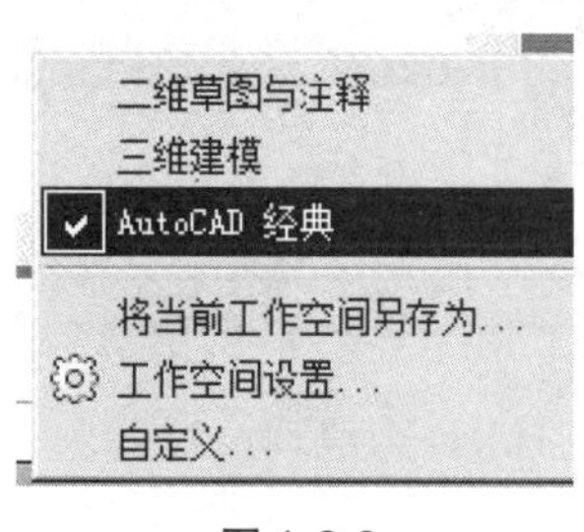


图 1-2-2

在开始绘图之前，可根据自己的习惯和绘制的内容，选择合适的工作界面。用户可以根据界面右下角的“切换工作空间”按钮进行界面切换，或是自定义自己习惯的工作空间，如图 1-2-2 所示。

在图 1-2-2 中选择“AutoCAD 经典”后，工作界面如图 1-2-3 所示。

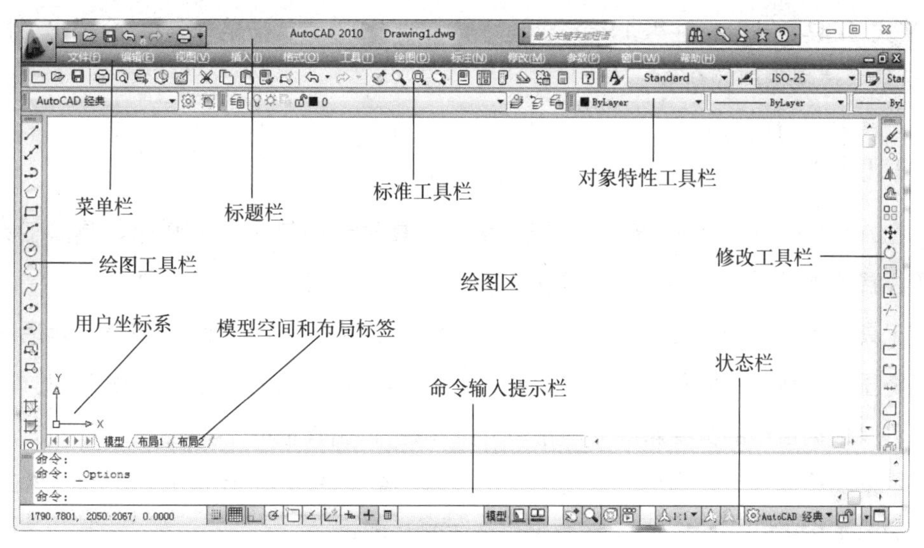


图 1-2-3

## 1.应用程序菜单

应用程序菜单位于工作界面的最左上角，其右侧和下拉菜单显示一些常用的文件（新建、保存、打开、打印）操作菜单，还有对操作步骤的“放弃”和“重做”操作，如图 1-2-4 所示。

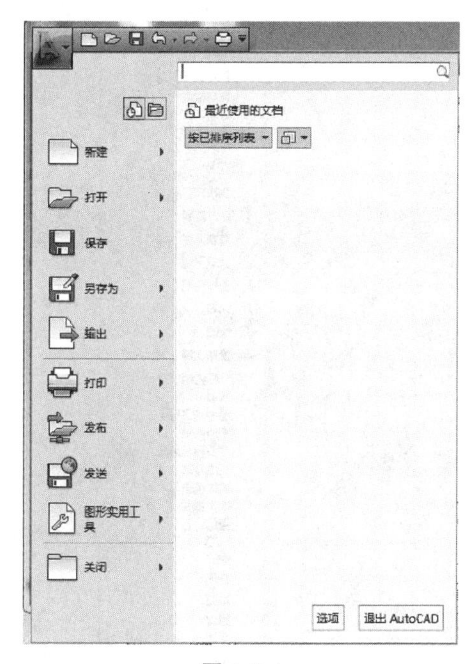


图 1-2-4

## 2.菜单栏

AutoCAD 的菜单栏位于标题栏的下方，为下拉式菜单，包含了文件、编辑、视图、插入、格式、工具、绘图、标注等 11 个菜单，可参看图 1-2-3。单击某个菜单，会弹出下拉菜单，可从中选择需要的命令。

## 3.工具栏

在 AutoCAD 中，有 20 多个工具栏，每个工具栏分别包含 2 ~20 个工具。工具栏按照位置的不同，可以分为固定工具栏、浮动工具栏、弹出式工具栏 3 种。

工具栏中的每个工具按钮还具有提示功能。当鼠标指向某个工具栏时，稍后按钮下面将显示该按钮的名称，同时在状态栏中还会显示该按钮的功能简短描述。另外，用户也可以根据自己的需要新建一些常用的工具栏，调出其他的工具栏。

将鼠标移动到工作界面上的任何一个工具上单击右键，选择第一项“AutoCAD”会弹出如图 1-2-5 所示的菜单，选择要调出的工具栏即可。

图 1-2-5

## 4.标准工具栏

标准工具栏中包含了一些常用的工具，如打开、保存、打印和新建等，还有一些AutoCAD常用工具，如窗口缩放、特性匹配和适时平移等，如图1-2-6所示。工具栏中右下角带有小黑三角的工具按钮是“成组”按钮，成组按钮包含了若干工具，利用这些工具可以调用与第一个按钮有关的命令。具体方法是，单击成组按钮并按住鼠标左键不放，AutoCAD会弹出组中的各个按钮，然后移动鼠标至所需按钮处，放开鼠标左键即可调用该工具。

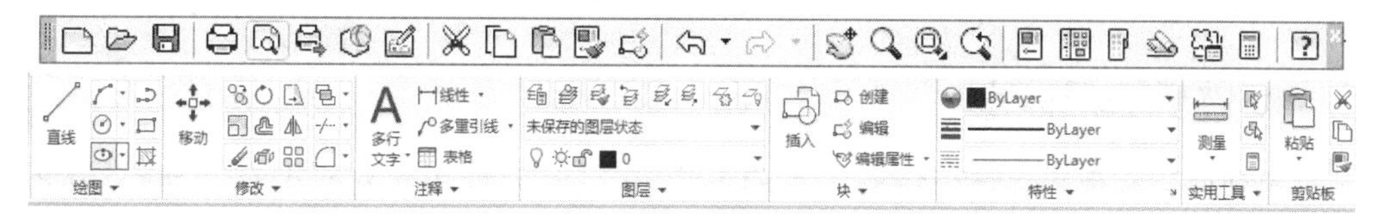


图 1-2-6

## 5.对象特性工具栏

对象特性工具栏用于设置对象特性，如颜色、线型、线宽等和图层管理。

## 6.绘图和修改工具栏

绘图和修改工具栏是绘制二级图形最常用的两个工具组。该工具栏包括了常用的绘图和修改命令。绘图和修改工具栏在启动AutoCAD时就自动显示出来。这些工具栏默认位置分别位于窗口左边和右边，用户可以方便地移动、打开和关闭它们，如图1-2-7和图1-2-8所示。

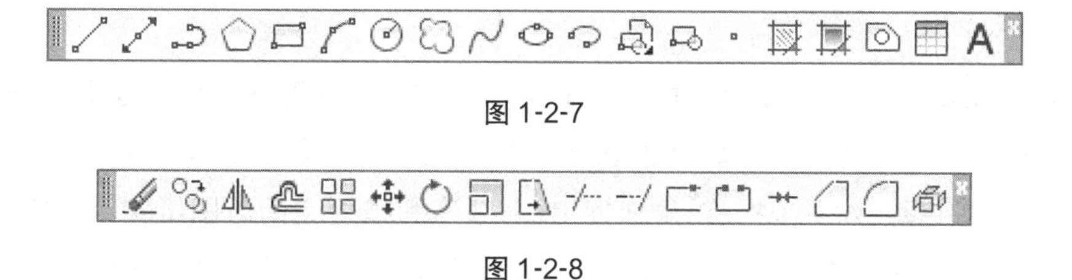

图 1-2-7

图 1-2-8

## 7.绘图区域

绘图区域是用户的工作平台，它相当于桌面上的图纸，用户所做的一切工作都反映在该区域中，其主要用于显示用户打开或绘制的图形。根据窗口大小和显示的其他组件（例如工具栏和对话框）数目的不同，绘图区域的大小将有所不同。

## 8.“十”字光标

屏幕上的光标会根据其所在区域的不同而改变，在绘图区呈“十”字形状，“十”字光标不仅可以主要用于在绘图区域标志拾取点和绘图点，还可以使用“十”字光标定位点、选择绘制对象。而在绘图区以外就变成当前操作系统相对应的光标形状。

## 9.用户坐标系图标

用户坐标系图标用于显示图形方向，AutoCAD 图形是在不可见的栅格或坐标系中绘制的，坐标系以 X、Y、Z 坐标（对于三维图形才有 Z 坐标）为基础。

## 10.模型/布局标签

模型标签和布局标签在绘图区域的下边，主要是方便用户对模型空间与布局（图纸空间）进行切换以及新建和删除布局等操作。一般情况下，先在模型空间进行设计，然后创建布局用于绘制和打印图纸空间中的图形。

## 11.命令窗口

命令窗口是显示用户输入命令、数据以及相关提示信息的地方，它是人机交互式对话的必经之地，如图 1-2-9 所示。将光标放在命令窗口与图形窗口的分界处，待光标的形状变成上下箭头形状后，按住鼠标左键不放，上下移动鼠标可改变命令窗口的大小。

```
正在重生成模型。
AutoCAD 菜单实用程序已加载。
命令:
```

图 1-2-9

## 12.状态栏

状态栏的左下角用于显示光标的坐标。在状态栏的中部还包含一些开关按钮，使用这些开关按钮可以打开、关闭或设置常用的绘图辅助工具。这些工具包括捕捉、栅格、正交、极轴追踪、对象捕捉、对象捕捉追踪、线宽和模型空间与图纸空间切换。用鼠标单击任意一个按钮均可切换当前的工作状态，当按钮被按下时表示相应的设置处于打开状态。

以上仅简要介绍了 AutoCAD 的工作界面中的组成部分，它们的具体用途将在以后的模块任务中分别介绍。

### 做一做

调出对象捕捉和缩放工具栏。

NO.3

[任务三]

# 掌握 AutoCAD 的文件管理

AutoCAD 是进行绘图设计的工具，通过它可以设计新的作品以及对原有的作品进行修改，所以 AutoCAD 常用文件的打开、关闭、新建、保存等文件管理是最基本的操作。

## 活动 1　建立新文件

在 AutoCAD 工作界面中新建文件有以下 5 种方法：

（1）启动 AutoCAD 后，系统会自动新建一个名为 Drawing1.dwg 的空白文件。

（2）启动 AutoCAD 后，单击 上的“新建”按钮 。

（3）启动 AutoCAD 后，选择“文件”→“新建”命令。

（4）启动 AutoCAD 后，按“Ctrl+N”快捷键。

（5）在命令行中输入：new。

在上面 5 种方法中除第（1）种方法外，在执行命令后都会弹出如图 1-3-1 所示的“选择样板”对话框，可以任意选择一个模板样式，然后单击“打开”按钮。

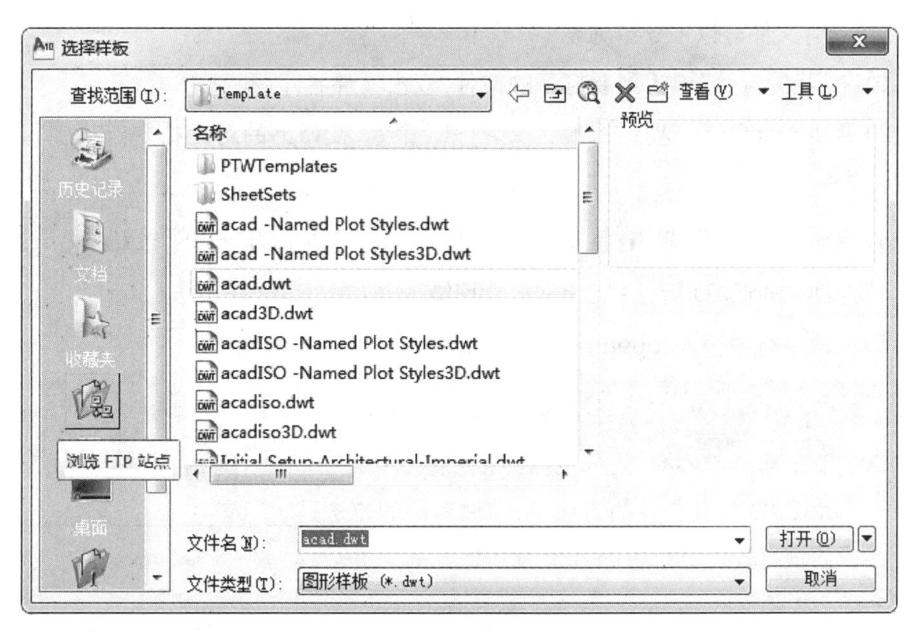


图 1-3-1

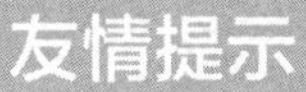

如果想新建一个没有任何样式的空白文档，可在图 1-3-1 中单击“打开”按钮旁边的黑色小三角形按钮，在弹出的下拉菜单中选择“无样板打开-公制”命令，如图 1-3-2 所示。

图 1-3-2

**做一做**

在 AutoCAD 建立新文件的方法中，你最常用的方法是________________________________。

## 活动 2　打开已有的文件

打开已有文件有以下 5 种方法：

（1）在“我的电脑”中找到要打开的文件，双击文件名即可。

（2）启动 AutoCAD，选择“文件”→“打开”命令，在弹出的对话框中选择要打开的文件后，单击“打开”按钮。

（3）启动 AutoCAD，单击工具栏上的“打开”按钮。

（4）启动 AutoCAD 后，按“Ctrl+O”快捷键。

（5）在命令行中输入：open。

**做一做**

（1）在 AutoCAD 打开文件的方法中，你最常用的方法是________________。

（2）自己尝试打开计算机中的几个 cad 格式的文件。

## 活动3　保存已打开的文件

保存文件有以下4种方法：

（1）选择“文件”→“保存”命令，在弹出的对话框中选择要保存的文件路径和文件名后，单击“保存”按钮。

（2）单击快速访问工具栏上的“保存”按钮。

（3）使用“Ctrl+S”快捷键。

（4）在命令行输入：save。

**做一做**

（1）在AutoCAD保存文件的方法中，你最常用的方法是________________。

（2）新建一个文件，然后在工作区中任意画一些图形，保存在E盘下，文件名为A1-1.dwg。

NO.4　[任务四]

# 掌握辅助绘图工具

绘图时为了能精确定点，需要借助绘图辅助工具，包括间隔捕捉、栅格、正交、极轴追踪、对象追踪、对象捕捉等，用户可根据需要选择，并可调出“草图设置”对话框对以上工具进行设置。

### 1.草图设置

调出“草图设置”对话框有以下3种方法：

（1）选择“工具”→“草图设置”命令。

（2）在命令行中输入：dsettings。

（3）右击状态栏上的“捕捉”“栅格”“极轴”“对象捕捉”“对象追踪”5个按钮中的任意一个按钮，在弹出的快捷菜单中选择“设置”命令。

以上方法均会弹出如图 1-4-1 所示的“草图设置”对话框。在该对话框中有“捕捉和栅格”“极轴追踪”和“对象捕捉”3 个选项卡，用户可根据需要选择和设置。

图 1-4-1

## 2.捕捉

捕捉就是将在屏幕上拾取的点锁定在某个特定的位置上，在这些位置上，有隐含的间隔捕捉点，可用勾选“栅格”的方式 ☑启用栅格 (F7)(G) 来显示捕捉点。

打开捕捉有以下 3 种方法：

（1）在命令行中输入：snap。

（2）在状态栏 6.5000, 0.5000, 0.0000 中按下按钮。

（3）按“F9”键。

**友情提示**

如果启用了“捕捉”功能，在用鼠标选择对象时可能会一跳一跳地移动，不容易选择对象，此时可在状态栏中弹起按钮或按“F9”键关闭捕捉功能。

### 3.栅格点

栅格点是在定位时起参照作用的虚拟点，它既不是图形的一部分，也不会输出。当启用栅格时，栅格点会显示出来。栅格点的值可在图1-4-1所示的“草图设置”对话框中根据绘图的需要来设定，系统默认为0.5。

打开栅格有以下3种方法：

（1）在命令行输入：grid。

（2）在状态栏 6.5000, 0.5000, 0.0000 中按下 按钮。

（3）按“F7”键。

**友情提示**

打开栅格后，如果工作区中并没有显示出栅格点，可能是栅格的间隔设置得太小或是太大，可以通过缩放图形或是改变栅格间距的方式来显示栅格点。

### 4.正交模式

正交模式能将光标的移动限定在水平和垂直的方向上，从而快速画出水平和垂直的直线。

打开正交有以下3种方法：

（1）在命令行中输入：ortho。

（2）在状态栏 6.5000, 0.5000, 0.0000 中按下 按钮。

（3）按“F8”键。

**友情提示**

使用了正交模式后，光标在工作区中只能沿水平或垂直方向运动。因此，正交模式常在绘制水平或垂直的直线时使用，光标需要斜向移动时，请弹起 按钮。

启用正交功能，用直线工具绘制两个矩形。

## 5.极轴追踪

极轴追踪具有自动追踪功能，可快速画出任何与水平线成任意角度的直线，可以在如图 1-4-2 所示的对话框中进行设置，图中添加了一个 45°的追踪。

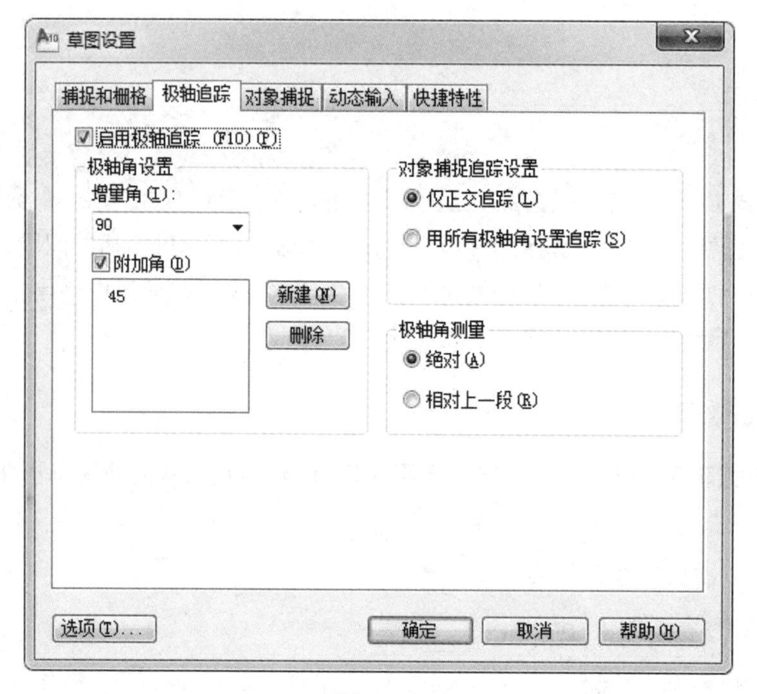


图 1-4-2

打开极轴追踪有以下两种方法：

（1）选择“工具”→“草图设置”命令，弹出“草图设置”对话框，切换到“极轴追踪”选项卡，如图 1-4-2 所示，并勾选“启用极轴追踪”选项。

（2）按“F10”键。

## 6.对象捕捉

对象捕捉用于快速捕捉以便精确定点，它能提高绘图精度和速度。根据要捕捉的对象的不同，可以在如图 1-4-3 所示的对话框中选择一个或多个对象。

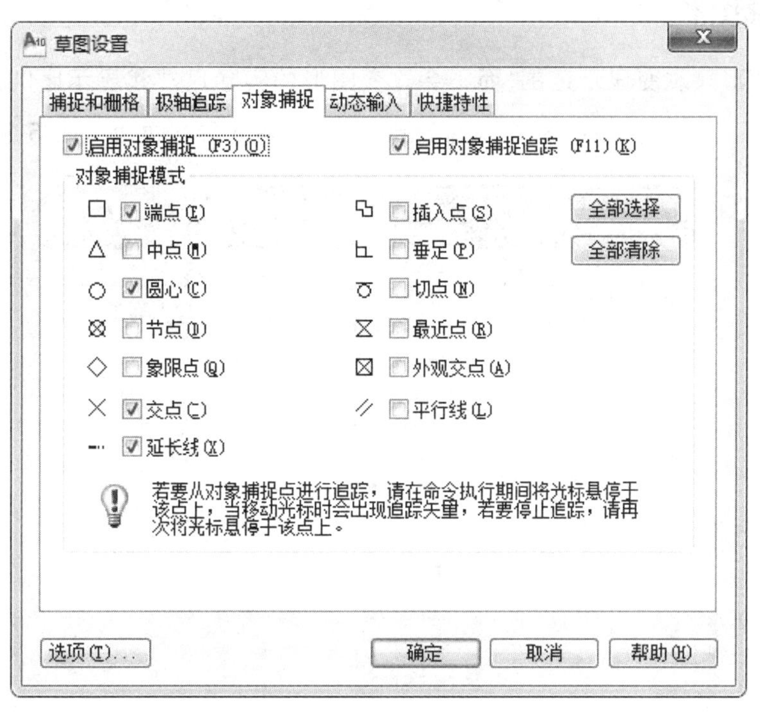


图 1-4-3

打开、对象捕捉有以下 3 种方法：

(1)选择“工具”→“草图设置”命令，弹出“草图设置”对话框并选择“对象捕捉”选项卡，如图 1-4-3 所示，再根据需要选择相应的捕捉对象。

(2)在状态栏 6.5000, 0.5000, 0.0000 中按下按钮。

(3)按“F3”键。

NO.5

[ 任务五 ]

# 显示控制图形

在绘制图形的过程中，AutoCAD 可以自由控制视图的显示比例。如果需要对图形进行细微观察，可适当放大视图比例；如果需要观察全部图形，可缩小视图显示比例，它们只对图形的观察起作用，不影响图形的实际位置和尺寸。

## 1.平移图形

平移图形只改变显示范围,而不会改变图形的实际尺寸和显示比例。选择“视图”→“平移”下一级菜单中的命令,可看到平移图形有6种方式,如图1-5-1所示。

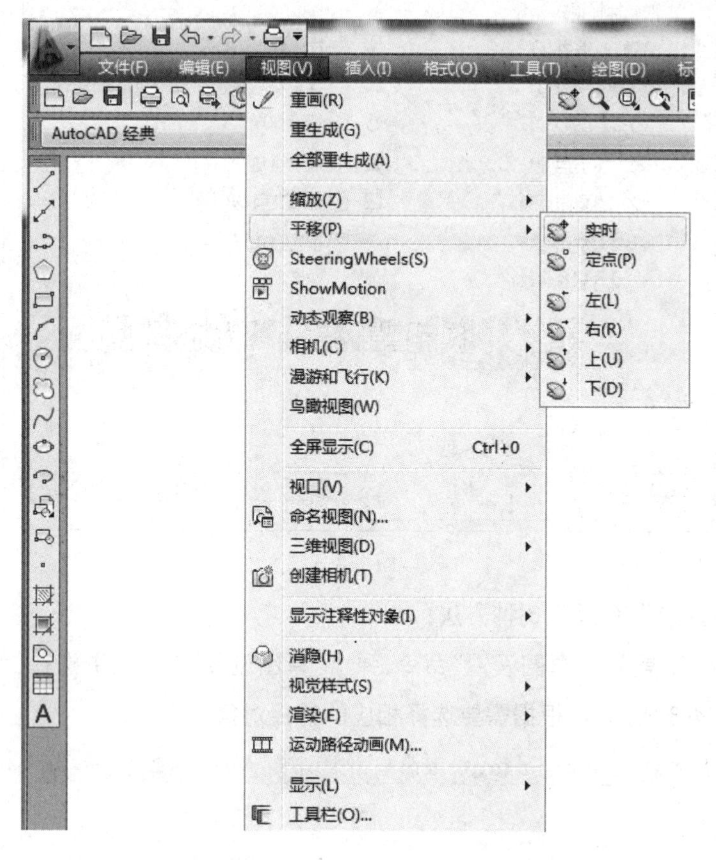


图 1-5-1

(1)实时平移图形有以下4种方法:

①单击工具栏中的“平移”按钮,然后用鼠标实现平移。

②按下鼠标滚轮不放,移动鼠标即实现平移功能。

③单击鼠标右键菜单,在弹出的快捷菜单中选择“平移”命令。

④在命令行中输入:Pan或P,移动鼠标即实现平移功能。

上面4种方法随便选择一种均可实现实时平移功能。进入视图平移状态后,鼠标指示变成一只手的形状,按“Esc”键或“Enter”键可退出实时平移状态。

(2)单击“视图”→“平移”→“定点”命令,可实现定点平移。

(3)单击“视图”→“平移”→“左”命令,可把视图向左移动一个固定单位。

(4)单击“视图”→“平移”→“右”命令,可把视图向右移动一个固定单位。

（5）单击“视图”→“平移”→“上”命令，可把视图向上移动一个固定单位。

（6）单击“视图”→“平移”→“下”命令，可把视图向下移动一个固定单位。

## 2.缩放视图

AutoCAD 具有强大的缩放功能，用户可根据自己的需求改变显示区域和图形的大小。缩放不会改变对象的绝对大小，它只是改变了视图的显示比例。常用的缩放工具有窗口缩放、动态缩放、比例缩放、中心缩放、放大、缩小、全部缩放、范围缩放。

视图的放大缩小有以下 5 种方法：

（1）选择“视图”→“缩放”菜单，从弹出的图 1-5-2 所示的子菜单中选择一种。

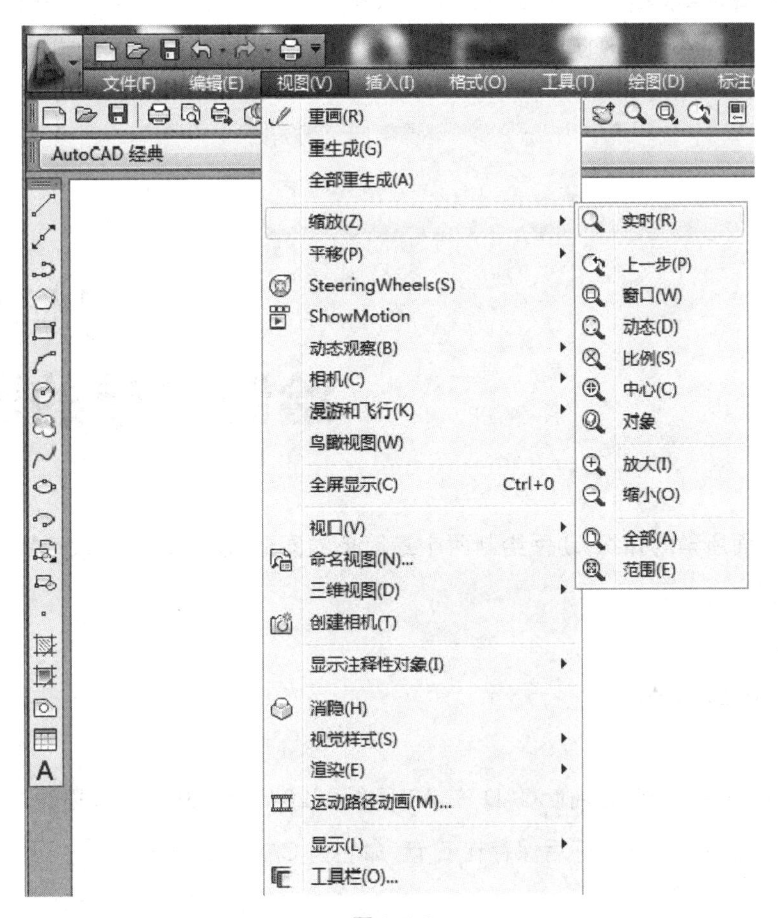


图 1-5-2

（2）调出图 1-5-3 所示的缩放工具栏，从中选择一种缩放工具。

图 1-5-3

（3）利用鼠标滚轮。向前滚动滚轮，实现放大功能；向后滚动滚轮，实现缩小功能。

（4）单击标准工具栏 中的缩放按钮 ，在绘图区域内，按住鼠标左键向屏幕右上方拖动，实现放大功能；按住鼠标左键向屏幕左下方拖动，实现缩小功能。

（5）在命令行中输入：zoom 或 z，按“Enter”键后给出如下提示：

［全部(A)/中心点(C)/动态(D)/范围(E)/上一个(P)/比例(S)/窗口(W)］<实时>：

可以从中选择一种缩放方式。

**做一做**

打开或新建一个文件，尝试每种缩放方法，然后总结出用得最多和最好用的缩放方法。

NO.6 ［任务六］

# 绘制简单的图形

运用前面所学的知识，动手绘制两个最简单的图形，从而掌握 AutoCAD 最基本的绘图操作。

## 活动 1　绘制三角形

在本活动中，将使用 AutoCAD 在 A3 图纸（420 mm×297 mm）里绘制一个如图 1-6-1 所示的三角形，绘制好后保存在 E 盘，命名为 CAD1-1.dwg。

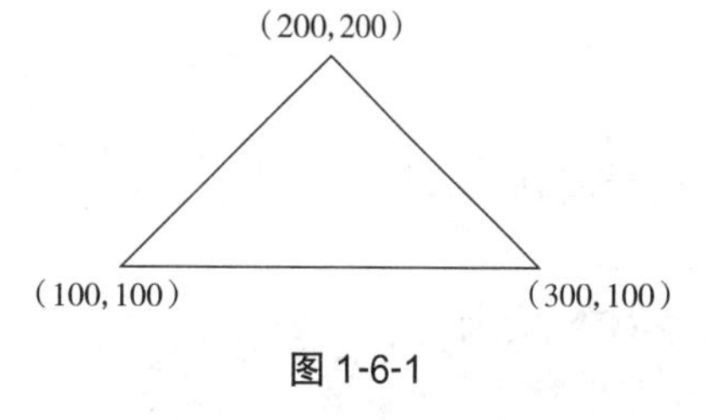


图 1-6-1

（1）启动 AutoCAD。

（2）设置绘图区域。选择菜单中的“格式”→“图形界限”命令，根据命令行的提示输入左下角点为（0，0）或是直接按“Enter”键（系统默认为坐标原点），然后右上角的点输入的坐标为（420，297），或是直接在命令行输入“limits”命令，参照如下命令行操作：

重新设置模型空间界限：

指定左下角点或［开(ON)/关(OFF)］<0.0000,0.0000>：　　/直接按“Enter”键

指定右上角点<12.0000,9.0000>：420,297　　/输入 420, 297

## 友情提示

在命令行中输入某点的坐标时，X 与 Y 的坐标值中间用逗号分隔。但在输入时，输入法一定要是半角输入状态，否则 AutoCAD 无法识别这个坐标值。

(3)设置显示单位。选择菜单“格式”→“单位”命令，弹出如图 1-6-2 所示的“图形单位”对话框，将精度改为 0(即没有小数位)，然后单击“确定”按钮。

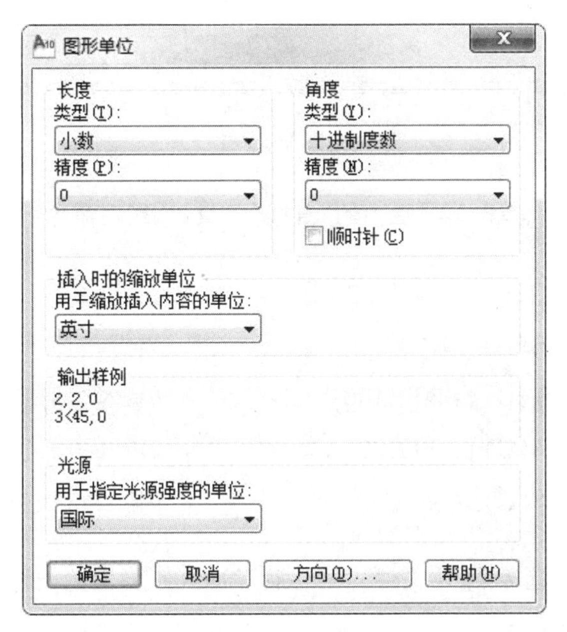


图 1-6-2

(4)设置并启用栅格和捕捉。在状态栏的 上单击鼠标右键，在弹出的快捷菜单中选择“设置”命令，弹出如图 1-6-3 所示的对话框，将“捕捉 X 轴间距”和“捕捉 Y 轴间距”都设置为 50，并将“栅格 X 轴间距”和“栅格 Y 轴间距”也设置为 50，然后单击“确定”按钮。再按“F9”键启用捕捉功能，按“F7”键启用栅格功能，或是在状态栏上按下 和 按钮。

图 1-6-3

(5)绘制三角形。单击工具栏中的“直线”工具 或在命令行输入:line,参照如下命令行操作:

| | |
|---|---|
| 命令:_line 指定第一点:100,100 | //输入三角形的第一个角点坐标 |
| 指定下一点或[放弃(U)]:300,100 | //输入三角形的第二个角点坐标 |
| 指定下一点或[放弃(U)]:200,200 | //输入三角形的第三个角点坐标 |
| 指定下一点或[闭合(C)/放弃(U)]:c | //输入 c(或是输入 100,100) |

(6)保存文件。选择菜单“文件”→“保存”命令,在弹出的“保存”对话框中选择 E 盘,在“文件名”框中输入:CAD1-1.dwg,然后单击“保存”按钮。

(7)退出 AutoCAD。

**友情提示**

- 调用 AutoCAD 命令的方法:可以在命令行中输入命令全称或简称,或用鼠标选择一个菜单项,也可以单击工具栏中的命令按钮。

- 在没有执行下一条命令的情况下，按“Enter”键可以重复上一次使用的命令；按“Esc”键可以终止当前运行的命令；单击按钮可以撤销已执行的操作。
- 选择对象的常用方法：鼠标单击可选取单个对象；选取多个靠近的对象最好用框选，即通过按下鼠标左键拖出虚线框，框住要选取的对象来选择它们。按“Esc”键取消所有已选择的对象。在框选对象时，鼠标从左向右框选，只有图形的所有部分都在框内才能选中，而从右向左框选，只要图形的一部分在框内也能选中。

## 做一做

使用直线工具，绘制一个平行四边形和一个直角三角形。

## 活动2　绘制五角星

在本活动中，将绘制一个如图1-6-4所示的五角星，绘制完成后保存在E盘，命名为CAD1-2.dwg。

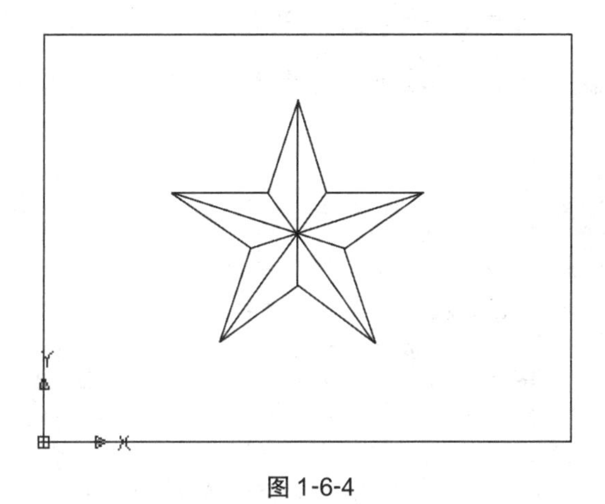

图1-6-4

（1）启动AutoCAD。

（2）绘制矩形边框。单击绘图工具栏中的“矩形”工具，根据提示，输入矩形左下角的坐标0,0 指定第一个角点或 0 0 ，按“Enter”键后，输入矩形右上角坐标(420,297) 指定另一个角点或 420 297 后，按“Enter”键。矩形的外框就绘制完成。

（3）调出“缩放”工具栏。在任何一个工具栏上单击右键，在弹出的快捷菜单中选择“缩放”命令，即可选择缩放工具栏。然后单击缩放工具栏中的“全部缩放”工具，让当前所绘制的矩形完全显示在工作区中。

（4）绘制正五边形。单击绘图工具栏中的“正多边形”工具，根据提示输入多边形的边数“5” 输入边的数目 <4>: 5，按“Enter”键，在矩形中心单击鼠标→选择“内接于

圆”后，→输入圆的半径100 后按“Enter”键。这时，一个正五边形就画好了，如图1-6-5所示。

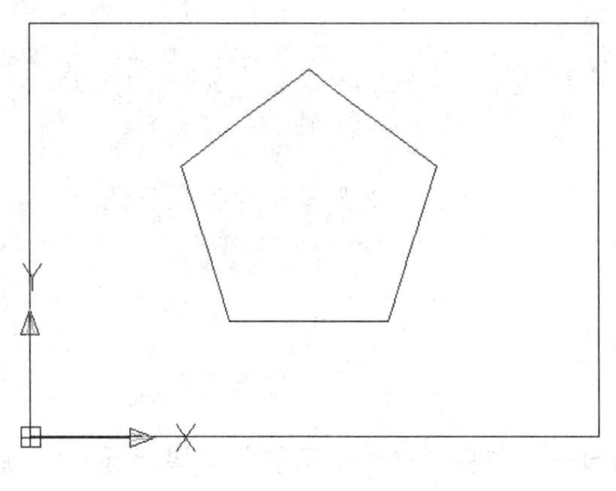

图1-6-5

（5）设置对象捕捉。在状态栏的 上单击鼠标右键，弹出如图1-6-6所示的“草图设置”对话框，在“对象捕捉”选项卡中勾选 ☑端点(E) 和 ☑启用对象捕捉 (F3)(O) 两个选项，单击“确定”按钮。

草图设置

捕捉和栅格 | 极轴追踪 | 对象捕捉 | 动态输入 | 快捷特性

☑启用对象捕捉 (F3)(O)　　☑启用对象捕捉追踪 (F11)(K)

对象捕捉模式

☑端点(E)　□插入点(S)　全部选择
□中点(M)　□垂足(P)　全部清除
□圆心(C)　□切点(N)
□节点(D)　□最近点(R)
□象限点(Q)　□外观交点(A)
□交点(I)　□平行线(L)
□延长线(X)

若要从对象捕捉点进行追踪，请在命令执行期间将光标悬停于该点上，当移动光标时会出现追踪矢量，若要停止追踪，请再次将光标悬停于该点上。

选项(T)...　确定　取消　帮助(H)

图1-6-6

(6)绘制五角星的外形。单击绘图工具栏中的“直线”工具 ，将鼠标移动到正五边形的任何一个角上单击鼠标左键，再依次单击正五边形的其他角点，直到将所有角点都连接在一起，如图 1-6-7 所示。

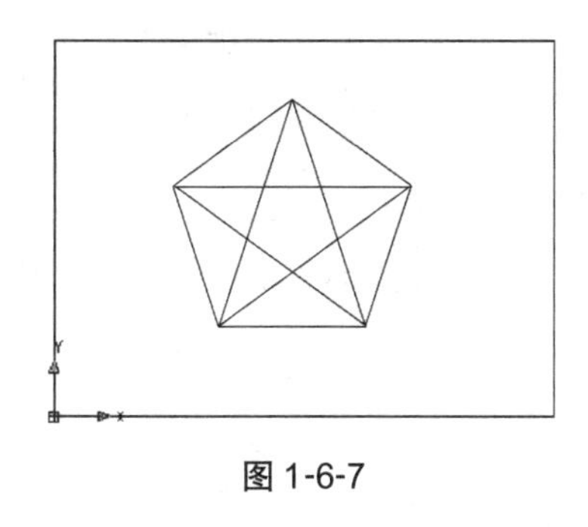

图 1-6-7

图 1-6-8

(7)删除正五边形。单击正五边形的任何一条边，按鼠标右键，在弹出的快捷菜单中选择“删除”命令，或是选中正五边形后按“Delete”键。

(8)删除五角星中的直线。调出“修改”工具栏，单击“修剪”工具 ，在弹出的选择对象中，用鼠标全选整个五角星或是直接按“Enter”键 选择对象或 <全部选择>: 。然后用鼠标依次单击五角星中不要的直线，按“Enter”键结束命令。这时一个五角星的外形就绘制好了，如图 1-6-8 所示。

(9)绘制五角星的内部。单击“直线”工具 ，单击五角星的最上面一个顶点，再单击最下面的一个内角点，按“Enter”键结束命令。这样重复 4 次，将五角星的每一个顶点与相对应的内角点连接起来。这时一个完整的五角星就绘制完成了。

(10)保存文件。选择菜单“文件”→“保存”命令，在弹出的“保存”对话框中选择 E 盘，在文件名处输入 CAD1-2.dwg，单击“保存”按钮。

(11)退出 AutoCAD。

## ▶疑难解答

**问题 1：怎样结束一个命令？**

答：绘图时，要综合运用多个命令，所以要经常结束某个命令后再执行下一个命令。有些命令会自动结束，有些需要手动结束。结束命令主要有以下 4 种方法：

(1)“Enter”键。“Enter”键是最常用的结束命令的方法。例如画一条线段，当确定了第二点时，直接按“Enter”键就可以结束命令。

确认(E)
取消(C)
放弃(U)
平移(P)
缩放(Z)

图 1-6-9

(2)空格键。在 AutoCAD 中,空格的作用与“Enter”键的作用一样。

(3)鼠标右键。在一条命令的执行中,单击鼠标右键弹出如图 1-6-9 所示的快捷菜单,选择“确认”即可结束命令。

(4)“Esc”键。在执行一条命令时,按“Esc”键可以强制终止该命令。

**问题 2:为什么工作界面中没有缩放工具栏?**

答:在任何一个工具上单击右键,弹出如图 1-6-9 所示的快捷菜单,选择“缩放”命令即可显示缩放工具栏。

**问题 3:为什么画图时光标一跳一跳的不能准确地移动?**

答:如果启用了捕捉功能,在使用鼠标选择对象时会有一跳一跳的移动状况,不容易选择对象,此时可在状态栏中弹起按钮或按“F9”键关闭捕捉功能。

**问题 4:为什么刚画好的图,使用了缩放命令后,图形全都不见了?**

答:有时使用了缩放命令后,由于错误的操作,使图形变得很小,或是平移到了其他地方,可使用缩放工具栏的全部缩放或范围缩放工具来最大化图形,从而使图形完全显示出来。

## ▶作业与考核

绘制一个如图 1-6-10 所示的六角星,然后以 CAD 1-3.dwg 为文件名保存到 E 盘中。

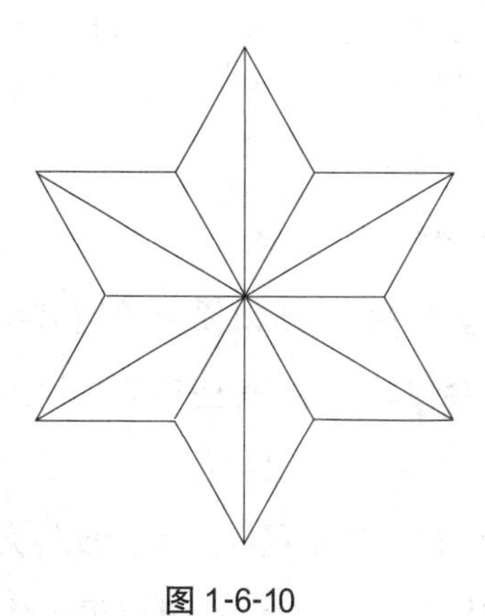

图 1-6-10

# 模块二 / 绘制简单图形

本模块从绘制最简单、最常用的图形入手，以绘制边框和一些常见的简单几何图形为例，用详细的步骤介绍常用绘图命令以及工具的使用，从而掌握简单图形的绘制，为后面专业图纸的绘制打下基础。

具体任务：

+ 使用直线、斜线、圆、椭圆、正多边形等绘图工具和文字工具。
+ 建立简单图层。
+ 使用相对坐标、正交、对象捕捉、极轴追踪、偏移、修剪、复制、旋转、圆角等命令。
+ 绘制简单组合图形。

NO.1 [ 任务一 ]

# 绘制图纸边框及标题栏

在 AutoCAD 日常绘图中，最常用的是 A3 图纸，作品都要画在上面，所以首先要绘制一个边框，它包含了外边框、内边框及标题栏。通过对它们的绘制，掌握垂直线、水平线的画法，以及“偏移”“修剪”“捕捉自”等命令的使用和文字的输入和简单调整。

## 活动 1　绘制边框

在本活动中，将绘制一张 A3 图纸的内外边框，外边框是 420×297，内边框是 390×287，内边框左下角点距离外边框分别是 25 和 5，如图 2-1-1 所示。

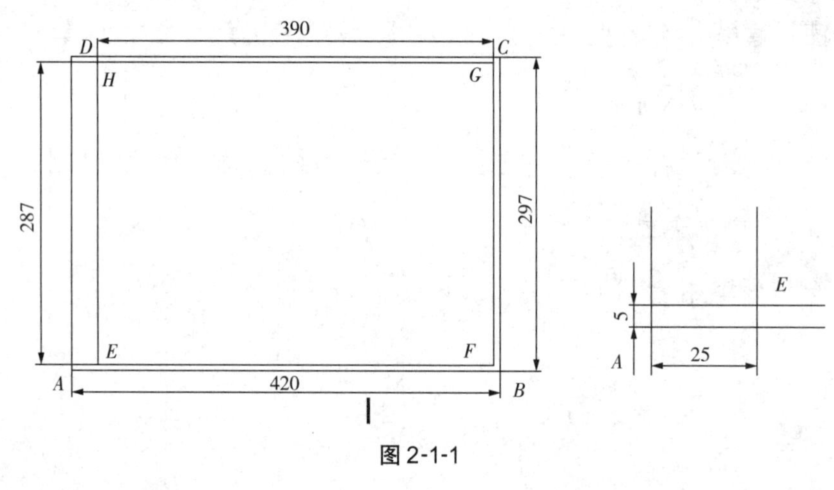


图 2-1-1

（1）绘制外边框 *ABCD*。

### 相关知识

正交是帮助我们画垂直线、水平线的辅助工具，用鼠标按下状态栏上的“正交”按钮，光标将被强制按水平或垂直方向移动。此时，可以在命令行输入数字来控制线段的长度，以鼠标的移动决定线段的方向。

单击左边绘图工具栏中的“直线”工具，并单击状态栏中的“正交”按钮，参照如下命令行操作：

命令：_line 指定第一点：<正交　开>　　//鼠标直接在绘图窗口左下角单击（或输入 A 点坐标）

指定下一点或[放弃(U)]：420　　　//鼠标向右移动并输入 AB 长度 420
指定下一点或[放弃(U)]:297　　　//鼠标向上移动并输入 BC 长度 297
指定下一点或[放弃(U)]：420　　　//鼠标向左移动并输入 CD 长度 420
指定下一点或[闭合(C)/放弃(U)]：C　　//输入参数 C 使 D 点和 *A* 点连接
至此，外边框 *ABCD* 画好。

**友情提示**

在移动鼠标时切忌不要单击，否则下一点就会随鼠标按下的位置被确定，输入的长度无效。

(2)绘制内边框 *EFGH*。

**相关知识**

相对坐标是以相对的某一点为参照物的坐标，即不以原点为参照物，而是以指定的某点为参照物。若没有指定，则默认为绘图时的上一点。格式为“@*X*,*Y*”。注意，若没有指定参照点时，相对坐标的参照点会随着绘图的进行而不断变化，不再固定为某点。

单击绘图工具栏中的“直线”工具，参照如下命令行操作：
命令：_line 指定第一点：　　//单击 A 点
指定下一点或[放弃(U)]：<正交关> @25,5　　//关闭正交，输入 E 点的相对坐标 @25, 5
指定下一点或[放弃(U)]：<正交开> 390　　//打开正交，鼠标向右移动并输入 EF 长度 390
指定下一点或[闭合(C)/放弃(U)]：287　　//鼠标向上移动并输入 FG 长度 287
指定下一点或[闭合(C)/放弃(U)]：390　　//鼠标向左移动并输入 GH 长度 390
指定下一点或[闭合(C)/放弃(U)]：287　　//鼠标向下移动并输入 HE 长度 287

选中多余的线段 *AE*，通过右键菜单中的“删除”命令、修改工具栏中的“修改”工具以及按“Delete”键等方式删掉 *AE*，如图 2-1-2 所示。至此，内边框 *EFGH* 画好，边框绘制完成。

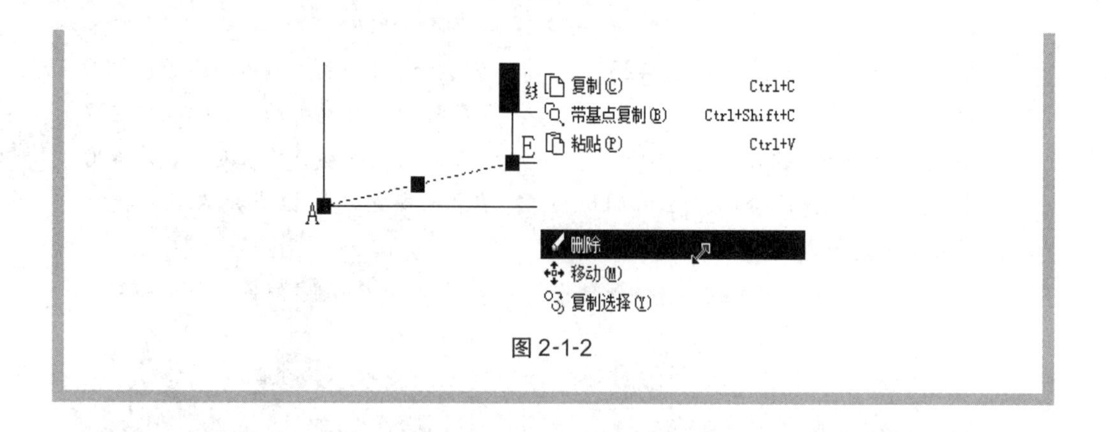


图 2-1-2

## 友情提示

画线段 *HE* 时不要使用参数 *C*，否则会画成 *HA*，如图 2-1-3 所示。

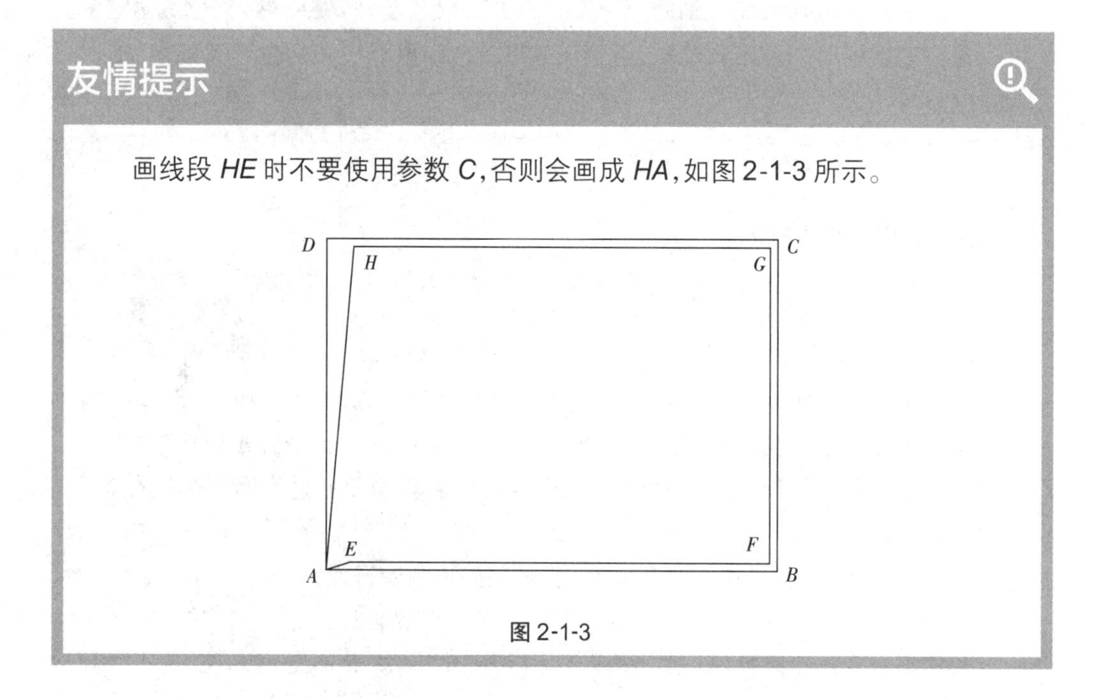


图 2-1-3

## 知识窗

本例中，如果要让 *E* 点成为第一点，不想最后多一个删除 *AE* 的步骤，该如何做呢？单击“直线”工具，再单击对象捕捉工具栏中的“捕捉自工具”，这时命令行提示为“命令：_line 指定第一点：_from 基点：”，意思是第一点以谁为参照物。单击 *A* 点，这时移动鼠标，并没有线段跟在后面，意味着 *A* 点并没有成为线段的第一点，然后输入“@25，5”，就直接画出第一点 *E* 点，并且画 *HE* 时可以采用参数 *C*。

## 做一做

绘制图 2-1-1。

## 活动 2　绘制标题栏

边框画好后，还需要在边框的右下角绘制标题栏，以便填写该图纸的相关信息，如图 2-1-4 所示，标题栏的具体尺寸如图 2-1-5 所示。

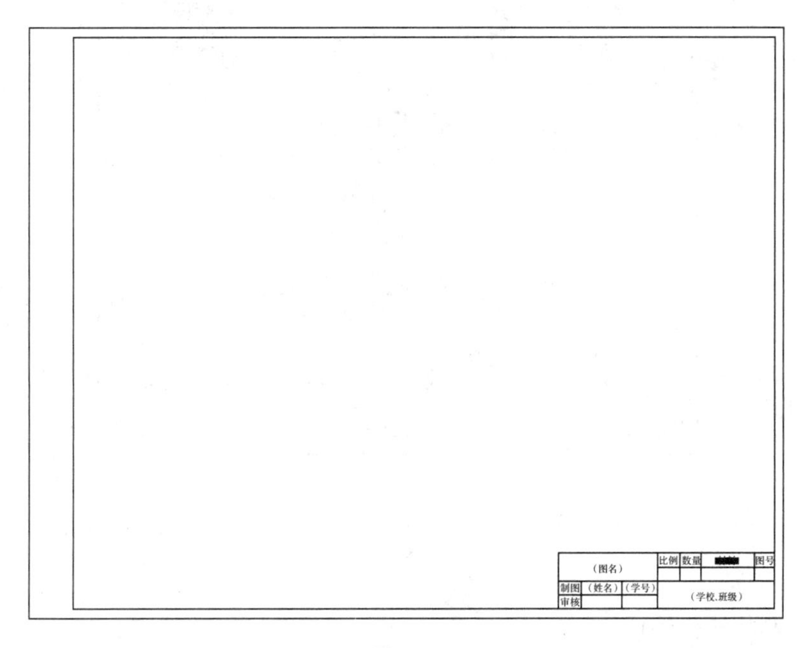


图 2-1-4

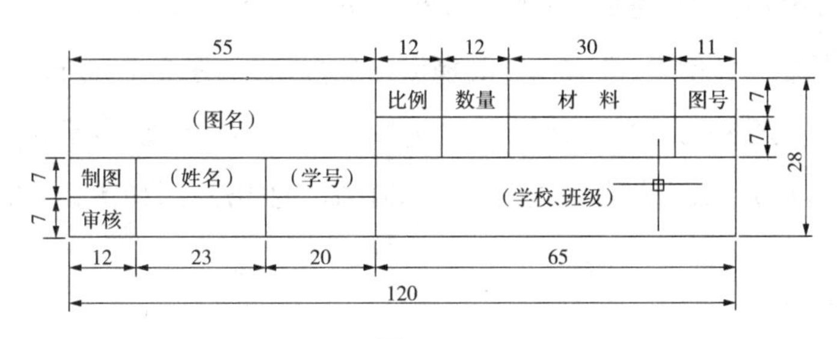


图 2-1-5

（1）设置对象捕捉工具。

## 相关知识

对象捕捉是 AutoCAD 用以精确定位的工具，它可以捕捉到特定的点，使绘图不仅仅是方便，更重要的是准确。

按下状态栏中的“对象捕捉”按钮，使它成凹陷状态，然后右击鼠标，在弹出的快捷菜单中选择“设置”命令，进入“草图设置”对话框，如图 2-1-6 所示。在“对象捕捉”选项卡中选择所需要捕捉的点，要注意的是不要选择太多，不然会干扰你的作图。选好后单击“确定”按钮即可。

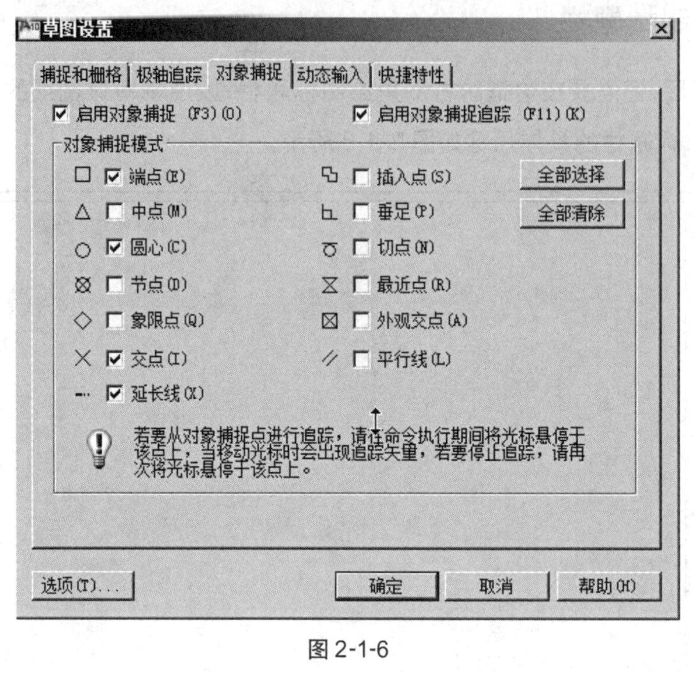


图 2-1-6

(2)绘制标题栏外框。

选择绘图工具栏中的“直线”工具，然后按下状态栏中的“正交”按钮，将鼠标移到内边框的右下角附近，会自动出现捕捉点的提示，如图 2-1-7 所示。这时不管光标是否对准了内边框的右下角，只要出现了如图 2-1-7 的提示，就表示光标已定位到提示点。然后按下鼠标，从该点开始画出一个 120×28 的矩形框，如图 2-1-8 所示。

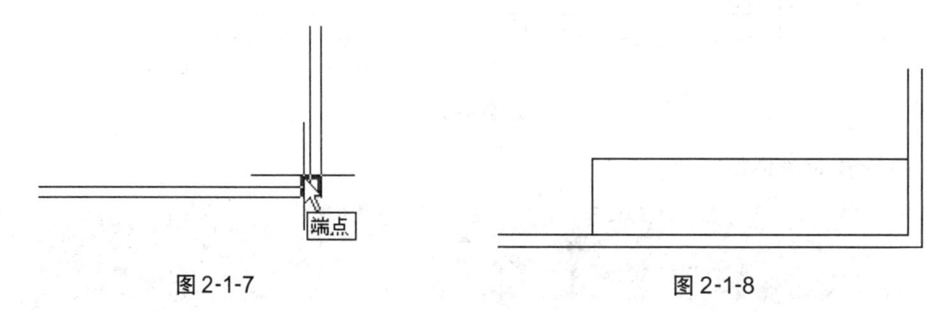


图 2-1-7　　图 2-1-8

(3)绘制标题栏内表格。

①单击修改工具栏中的“偏移”工具，然后参照如下命令提示操作：

命令:_offset
指定偏移距离或［通过(T)/删除(E)/图层(L)］<通过>:7　　//输入偏移距离7
选择要偏移的对象或［退出(E)/放弃(U)］<退出>:　　//单击标题栏上面一条长边
指定要偏移的那一侧上的点:　　//在该长边的下方单击

以上即复制出一条与标题栏长边平行且相距为7的线段,如图2-1-9所示。

选择要偏移的对象或<退出>:　　//单击新复制出的线段
指定要偏移的那一侧上的点:　　//在新复制出的线段下方单击

②重复一次上面的步骤,最后画出3条相距都为7的表格线,如图2-1-10所示。

图2-1-9

图2-1-10

③画标题栏内的竖表格线。选择修改工具栏中的“偏移”工具,然后参照如下命令提示操作:

命令:_offset
指定偏移距离或［通过(T)/删除(E)/图层(L)］<通过>:12　　//输入偏移距离12
选择要偏移的对象或［退出(E)/放弃(U)］<退出>:　　//单击标题栏左面一条短边
指定要偏移的那一侧上的点:　　//在该短边的右方单击

以上即复制出一条与标题栏短边平行且相距为12的线段,如图2-1-11所示。

④再次选择修改工具栏中的“偏移”工具,然后参照如下命令提示操作:

命令:_offset
指定偏移距离或［通过(T)/删除(E)/图层(L)］<通过>:23　　//输入偏移距离23
选择要偏移的对象或［退出(E)/放弃(U)］<退出>:　　//单击刚复制出的竖表格线
指定要偏移的那一侧上的点:　　//在该线段的右方单击

⑤重复以上步骤，参照图 2-1-10 所示的尺寸，将所有的竖表格线画出，如图 2-1-12 所示。

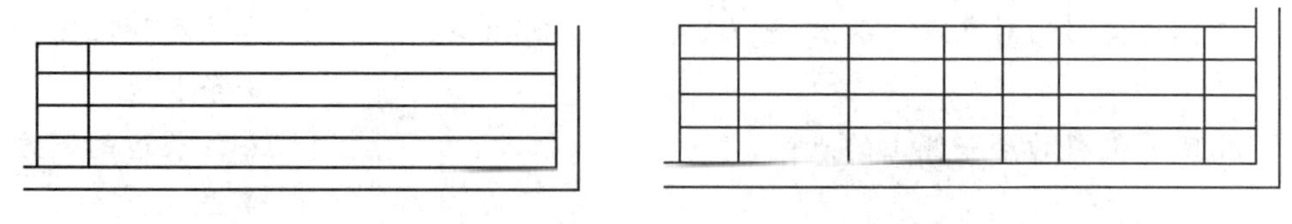

图 2-1-11　　　　图 2-1-12

**友情提示**

如果要偏移的线段间距一样，可以在偏移好第一条线段后只指定要偏移的线段和偏移的方向，即可继续等距偏移。

(4)修剪多余的表格线。

选择修改工具栏中的“修剪”工具，参照如下命令行操作：

当前设置：投影=UCS，边=无

选择剪切边…

选择对象或<全部选择>：找到 16 个　//将所有的表格线全部选中，如图 2-1-13 所示

选择对象：　//直接按“Enter”键确认

选择要修剪的对象，或按住“Shift”键选择要延伸的对象，或[栏选(F)/投影(P)/边(E)/删除(R)/放弃(U)]：　//用鼠标单击要剪去的部分，如图 2-1-14 所示

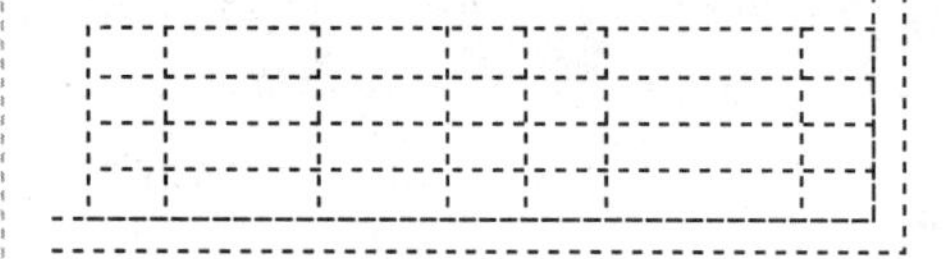

图 2-1-13

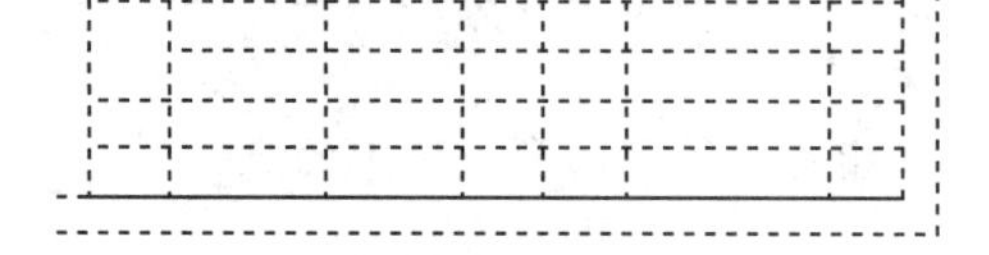

图 2-1-14

可能会有小部分线条修剪不掉，如图 2-1-15 所示。可以将其删掉，最后如图 2-1-16 所示。标题栏就画好了。

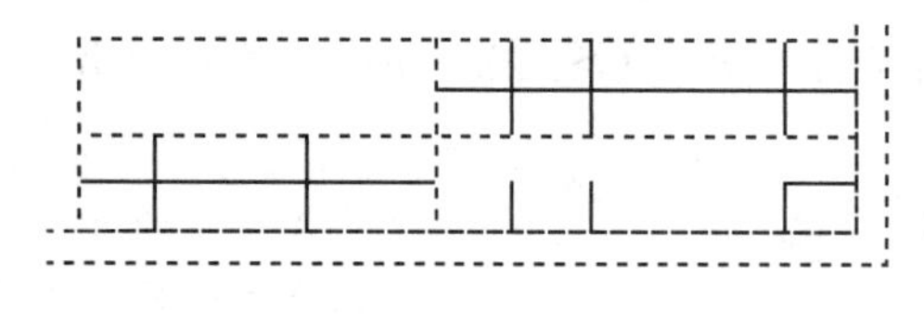

图 2-1-15

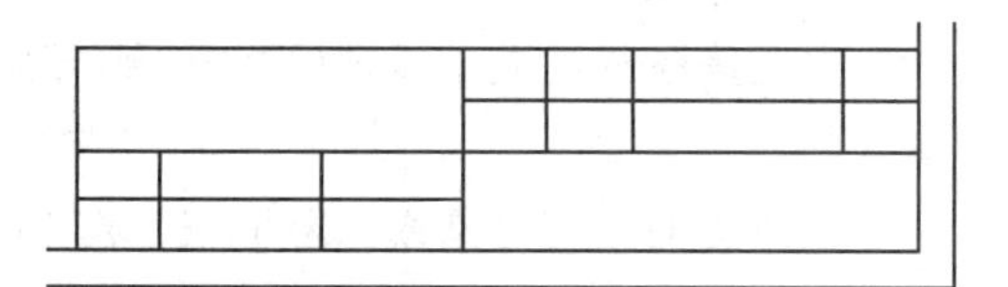

图 2-1-16

做一做

绘制图2-1-10。

## 活动3 输入简单文字

（1）单击绘图工具栏中的“文字”工具A，此时光标会变成“十”字形状，然后根据提示选择文字输入的范围，如图2-1-17所示。注意，一定要将文字输入的范围定义为整个文字所在的方框，即从一个角点拖动到另一个对角点后再单击，不要中途就单击。

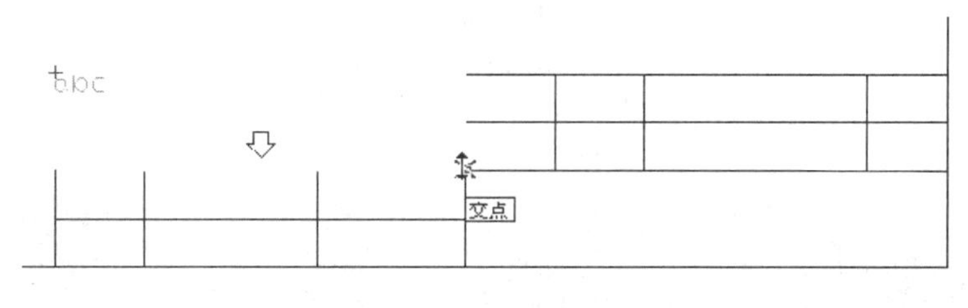


图2-1-17

（2）当选定文字的输入范围后，就会出现文字输入框，在其中输入图名等信息；然后再对文字的大小、字体、颜色、位置等进行设置，如图2-1-18所示；最后单击“确定”按钮录入文字。随后输完所有的文字，如图2-1-5所示。

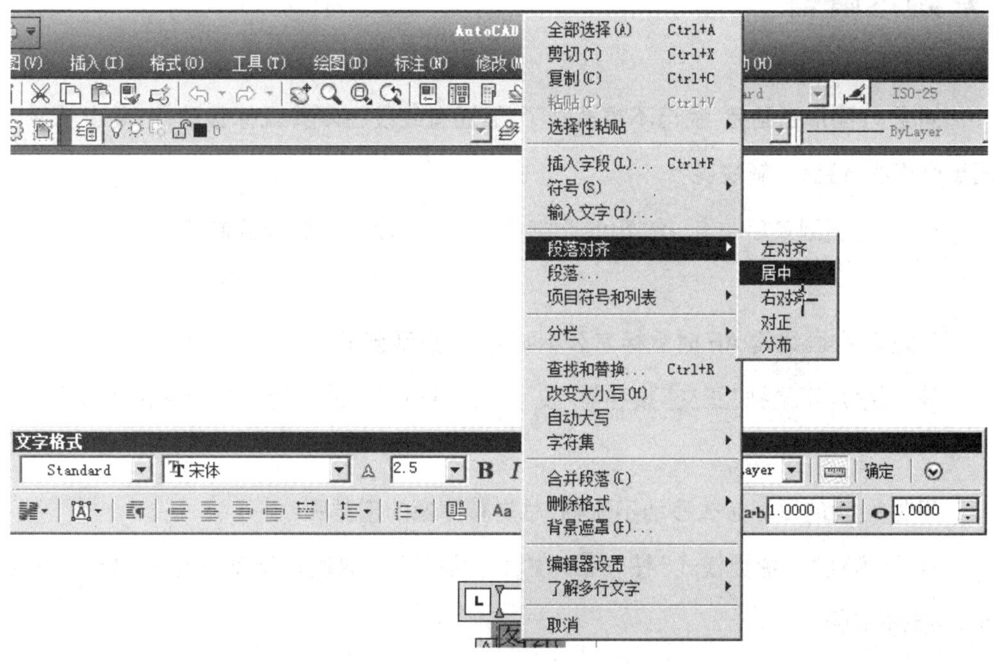


图2-1-18

**友情提示**

- 要对已输入的文字进行编辑时需要先选定它们。
- 文字的字号可以自己输入合适的数值。
- 如果对文字的效果不满意，不需要删掉重新输入，可以单击该文字，当周围出现选定小方块时右击鼠标，在弹出的快捷菜单中选择“编辑多行文字”命令即可对文字重新设置，如图 2-1-19 所示。

图 2-1-19

**做一做**

为图 2-1-16 填入所需文字。

## ▶疑难解答

**问题 1：图形已画完，我已不想再画了，但还有线段在跟着鼠标移动，一单击就又多画出一根线，该怎么解决呢？**

答：当你画到最后一点，按“Enter”键或“Esc”键就可以结束绘制了。

**问题 2：在画线段 *AE* 时鼠标怎么不听话，总是乱窜呢？**

答：观察是不是把“正交”按钮按下了，如果它被按下，把它按起来再试试看。

**问题 3：我的鼠标怎么移动不流畅，总是有停顿的感觉呢？**

答：注意观察“捕捉模式”按钮，如果它被按下，你的鼠标就有可能出现定位困难，感觉不流畅。

**问题4:在偏移线段时,鼠标本来是向右偏移,为何却偏偏自动点向左边?**

答:检查对象捕捉设置是不是捕捉的点太多了,去掉暂时不需要的点,或直接关闭“对象捕捉”按钮□。

**问题5:我已选择好了全部对象,但无论怎么单击鼠标,就是剪不去要剪掉的部分?**

答:选择好全部对象之后,还要按“Enter”键或右击鼠标确认,作图时要多看命令提示。

**问题6:我想将一根直线段剪掉一半,怎么修剪不掉呢?**

答:“修剪”命令只适用于互相有交叉的对象,单独的对象不能使用“修剪”命令。

## ▶作业与考核

绘制图2-1-20至图2-1-22所示的图形。

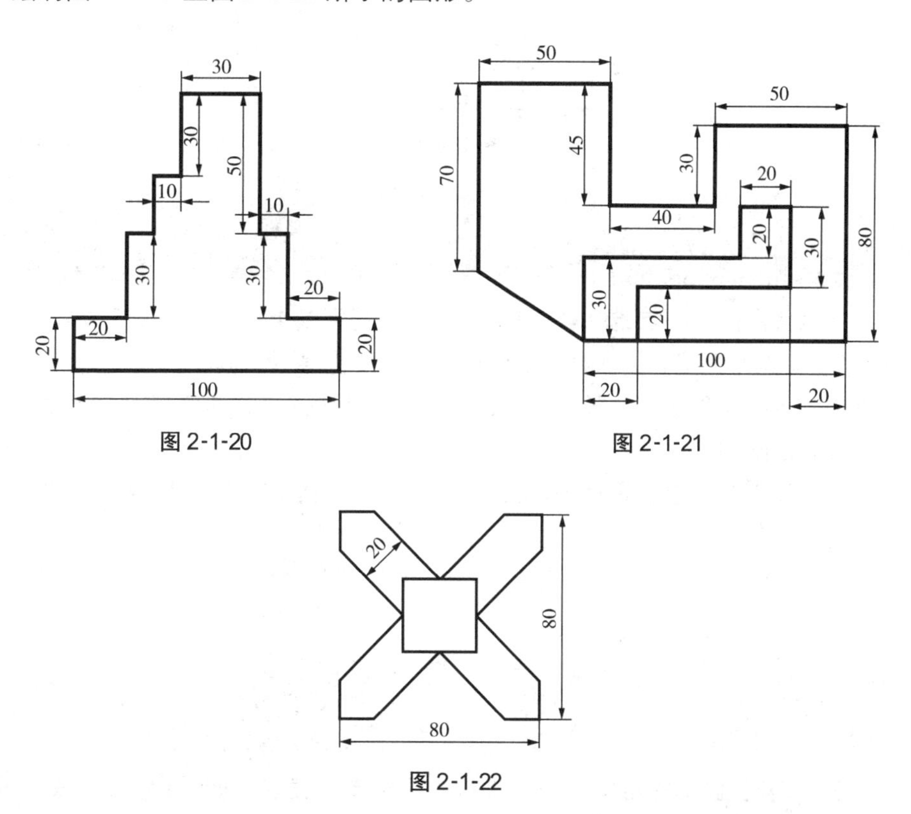


图2-1-20

图2-1-21

图2-1-22

NO.2

[任务二]

# 绘制简单几何图形

在本任务中,将学习一些最基本图形的画法,同时还要掌握对这些图形的编辑,以便对这些基本图形进行组合。

## 活动1 绘制简单几何图形(一)

在本活动中,将绘制图2-2-1所示的图形,从中学习绘制斜线的两种方法:极坐标和极轴追踪。

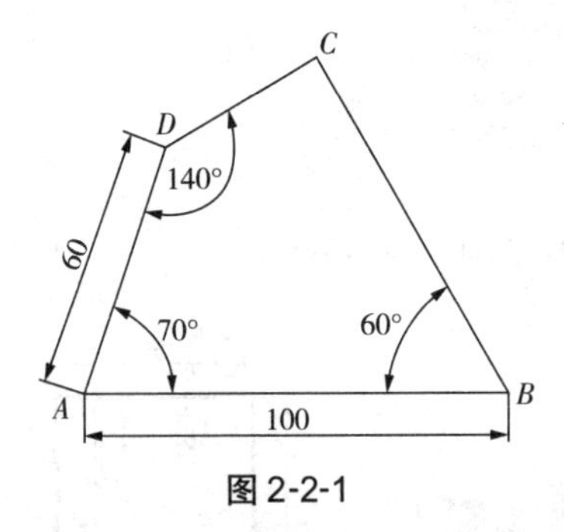


图2-2-1

### 相关知识

已知斜线段的第一点,该斜线段第二点的位置可以用极坐标来确定,格式为@长度<角度。这个角度只输入数字,不要加上角度符号,因为符号"<"已代表了角度。其中长度是该斜线段的长度,角度是该斜线段与以该斜线段第一点为原点的X轴正方向之间的夹角。

极轴追踪就是通过设置,让系统自动追踪与水平线成一定角度的斜线,快速画出已知角度的斜线。

### 友情提示

绘制斜线时,已知的角度不一定是极坐标需要的角度,一定要仔细观察,把已知角度换算成需要的角度。

（1）绘制长度为 100 的水平线 *BA*（第一点最好从 *B* 点开始，因为 *AD* 的长度已知，以便接着画 *AD*）。

（2）绘制斜线段 *AD*。通过观察，*AD* 的长度已知，*AB* 是水平线，给出的角度正符合极坐标的要求。选择“直线”工具，按下“对象捕捉”按钮，单击 *A* 点，然后在命令提示行中输入@60<70，*AD* 就画出来了。

（3）绘制斜线段 *DC*。*DC* 长度未知，给出的角度是 140°，但显然这不是我们需要的角度，我们需要的是 *DC* 与过 *D* 点的水平线之间的角度，即如图 2-2-2 所示的 *DC* 与 *DE* 之间的角度。通过计算，*DC* 与 *DE* 之间的夹角为 30°。现在我们用极轴追踪来画 *DC*。

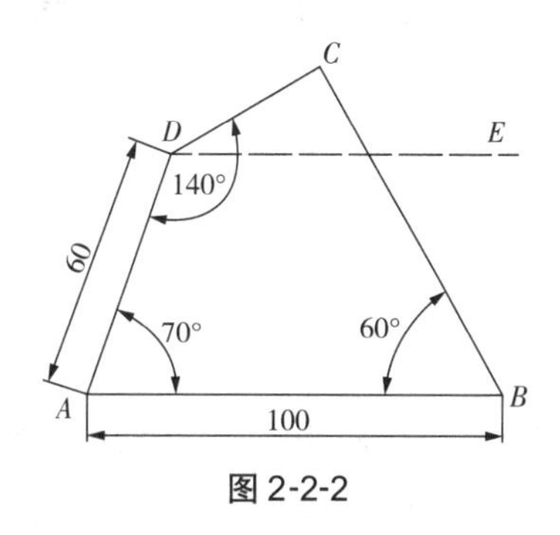


图 2-2-2

右击“极轴追踪”按钮，在弹出的“草图设置”对话框中选择“极轴追踪”选项卡，如图 2-2-3 所示。勾选“启用极轴追踪”复选框，在“增量角”下的设置框中输入 30，然后单击“确定”按钮。

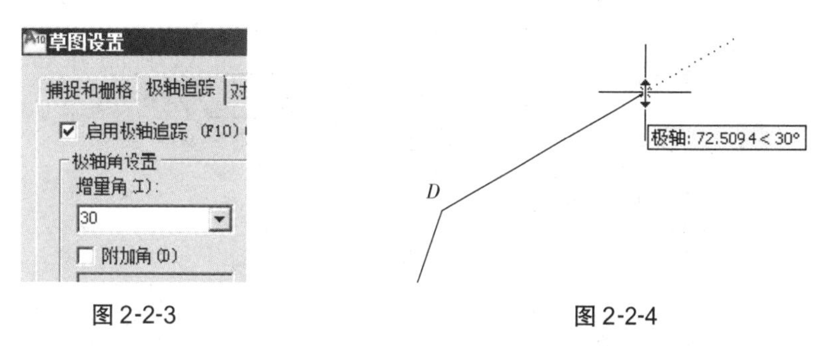


图 2-2-3　　　　图 2-2-4

单击“直线”工具，然后单击 *D* 点，向斜上方移动光标，出现一条虚线，并有如图 2-2-4 所示的角度提示时，即意味着已捕捉到 30°的斜线，此时在合适的长度（可尽量画长点）单击鼠标，将斜线画出。

（4）绘制斜线段 *BC*。同样可以采用极轴追踪来画，重新设置增量角即可。注意，已知的 60°也不是我们要的角度，*BC* 与水平线的角度应该是 120°。按照上面的方法把这条斜线也画出来。由于不知道 *DC*、*BC* 的长度，所以尽量画长点，让它们能相交，如图 2-2-5 所示。最后用“修剪”命令将多余的部分剪掉即可。

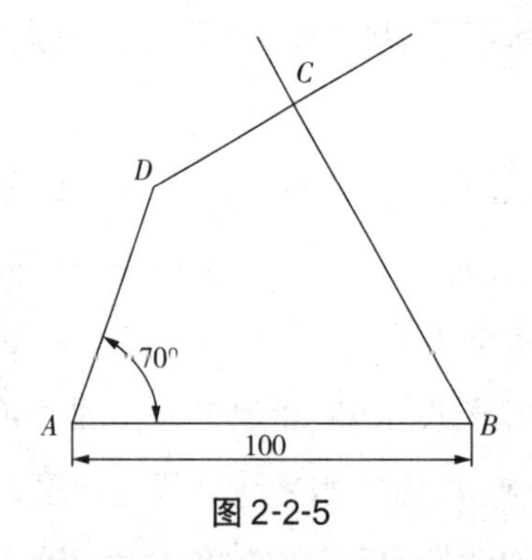


图 2-2-5

## 活动2　绘制简单几何图形(二)

本活动中将学习图层的建立以及圆、圆弧、正多边形等稍微复杂的图形，如图 2-2-6 所示。

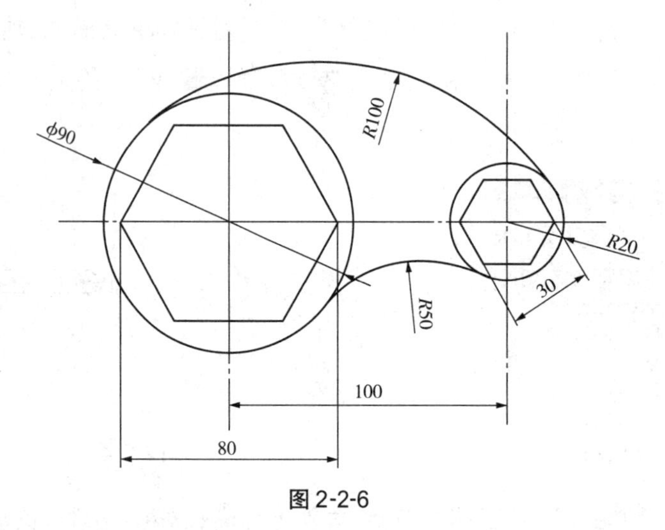


图 2-2-6

从图 2-2-6 中可以看出，该图由圆形、正六边形、圆弧以及点画线组成。由于线条较多，为了方便绘制，需要把不同的线条设置成不同的图层。

(1)建立图层。

①在对象特征工具栏中单击“图层特性管理器”按钮，弹出如图 2-2-7 所示的“图层特性管理器”对话框，其中只有系统默认的图层。单击“新建图层”按钮，即可建立新的图层，如图 2-2-8 所示。

②本图例有外轮廓线、中心线、标注线 3 种线型，标注线的内容在后面介绍，现在需

要建立两个图层。单击“新建图层”按钮，在下面出现的新图层名称中输入“外轮廓线”，图层的颜色和线型都为默认，将线宽改为0.70。单击该图层的线宽指示框，在弹出的“线宽”对话框中选择0.70，如图2-2-9所示，再单击“确定”按钮返回，会看到该图层的线宽已修改成功，如图2-2-10所示。

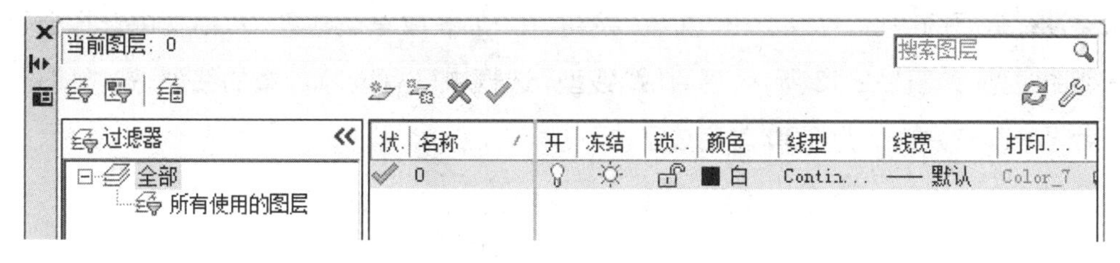


图2-2-7

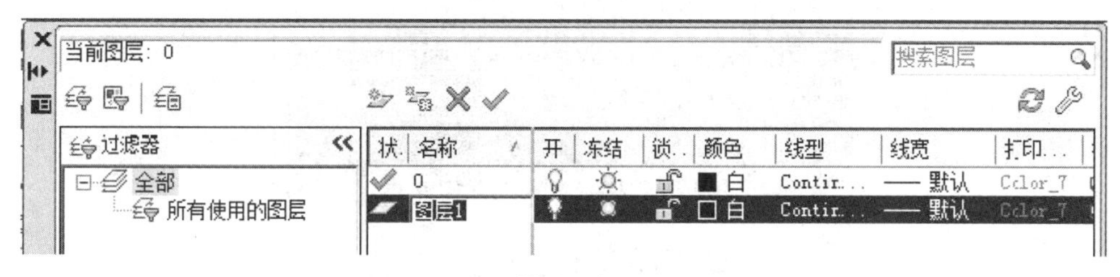


图2-2-8

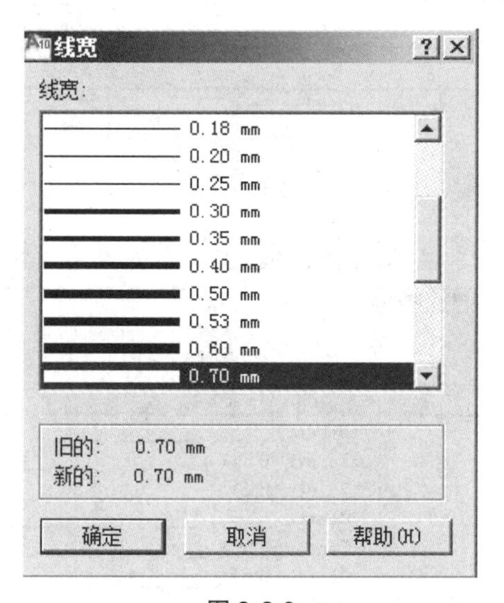


图2-2-9

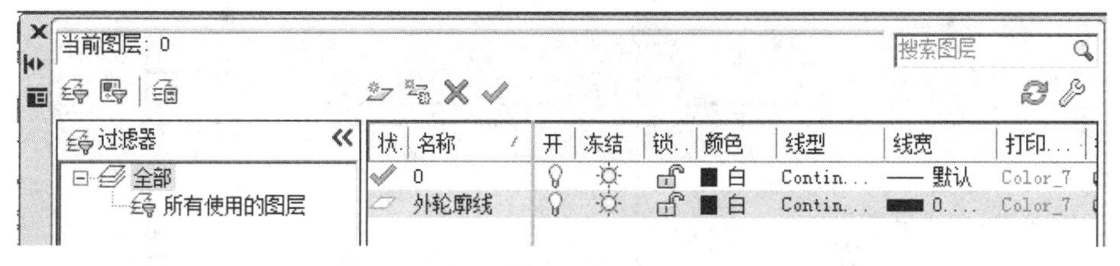


图2-2-10

③现在还需要再建一个中心线图层。再次单击“新建图层”按钮，修改新出现的图层名称为“中心线”。由于中心线的线型和颜色、线宽不是默认，所以必须修改。单击中心线图层默认的“白色”，在弹出的“选择颜色”对话框中选择红色，如图 2-2-11 所示。然后单击其默认的线型，在弹出的“线型”的对话框中选择“CENTER2”线型。如果没有需要的线型，可以单击“加载”按钮，在“加载或重载线型”对话框中选择自己需要的线型，如图 2-2-12 所示，返回后“线型”选框中已有刚才加载的线型，选中即可。最后再修改它的线宽为 0.30 就完成了。

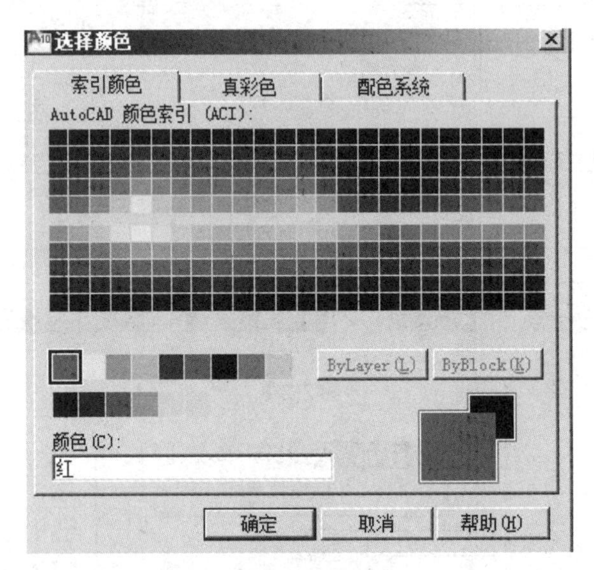


图 2-2-11

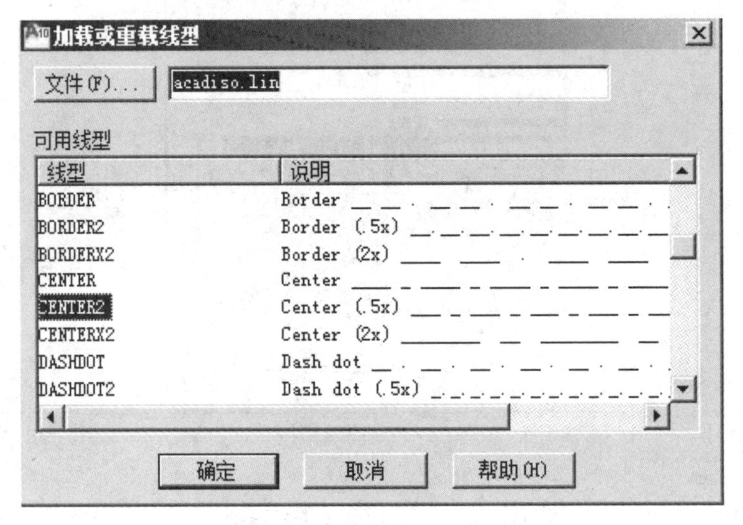


图 2-2-12

(2)绘制中心线。

①参照图 2-2-13，将当前图层定义为中心线图层。

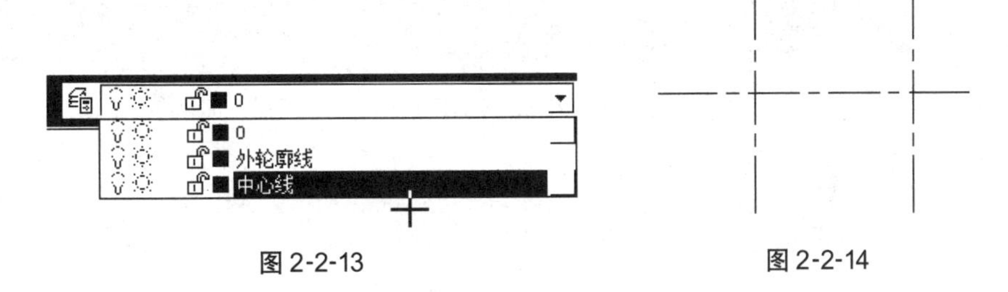


图 2-2-13　　图 2-2-14

②画出一根长200 左右的水平线，然后在该线段的左端画一根与它相交的竖直线，最后将左端的竖直线向右偏移100，中心线就画好了，如图 2-2-14 所示。

（3）画两个圆。

①以后我们要画的都是外轮廓线，所以要将当前图层定义为外轮廓线，参照图 2-2-13 修改。

②单击绘图工具栏里的画圆工具 ，参照如下命令行操作：

命令：_circle 指定圆的圆心或［三点（3P）/两点（2P）/切点、切点、半径（T）］：
//单击中心线右边的交点以确定小圆的圆心
指定圆的半径或［直径（D）］：20　//输入小圆半径 20

画出如图 2-2-15 所示的小圆。

命令：_circle 指定圆的圆心或［三点（3P）/两点（2P）/切点、切点、半径（T）］：
//单击中心线左边的交点以确定大圆的圆心
指定圆的半径或［直径（D）］<20.0000>：D　//由于已知大圆的直径，所以输入参数 D
指定圆的直径<40.0000>：90　//输入大圆直径 90

画出如图 2-2-16 所示的大圆。

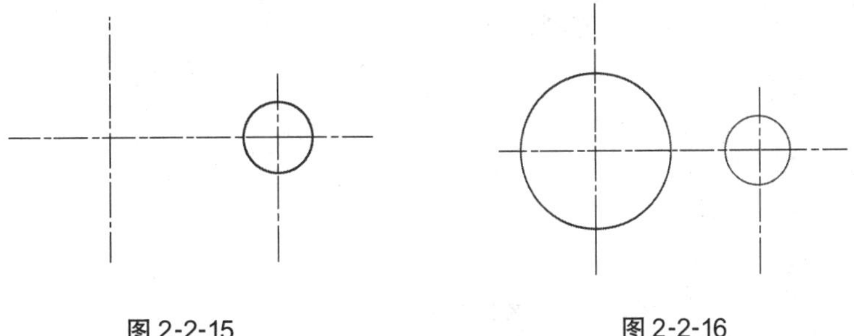

图 2-2-15　　图 2-2-16

## 友情提示

画圆时，确定了圆心后，鼠标可以移动，但不能按下，否则该圆的尺寸会随鼠标按下的位置被确定，再输入半径或直径时无效。

（4）画出与两个圆相切的圆弧。

单击绘图工具栏里的“画圆”工具，参照如下命令行操作：

命令：_circle 指定圆的圆心或［三点（3P）/两点（2P）/切点、切点、半径（T）］：t　//两段圆弧都已知半径，且和两个圆相切，所以输入参数 t

指定对象与圆的第一个切点：　//将鼠标移到大圆上，出现如图 2-2-17 所示的切点提示时单击鼠标

指定对象与圆的第二个切点：　//将鼠标移到小圆上，出现如图 2-2-18 所示的切点提示时单击鼠标

指定圆的半径：100　//输入大圆弧的半径 100

一个半径 100 且与另外两圆相切的圆画出，如图 2-2-19 所示，然后使用同样的方法画出另一个半径为 50 的圆，如图 2-2-20 所示。

（5）修剪多余部分，细节部分可以放大图形再修剪，最后如图 2-2-21 所示。

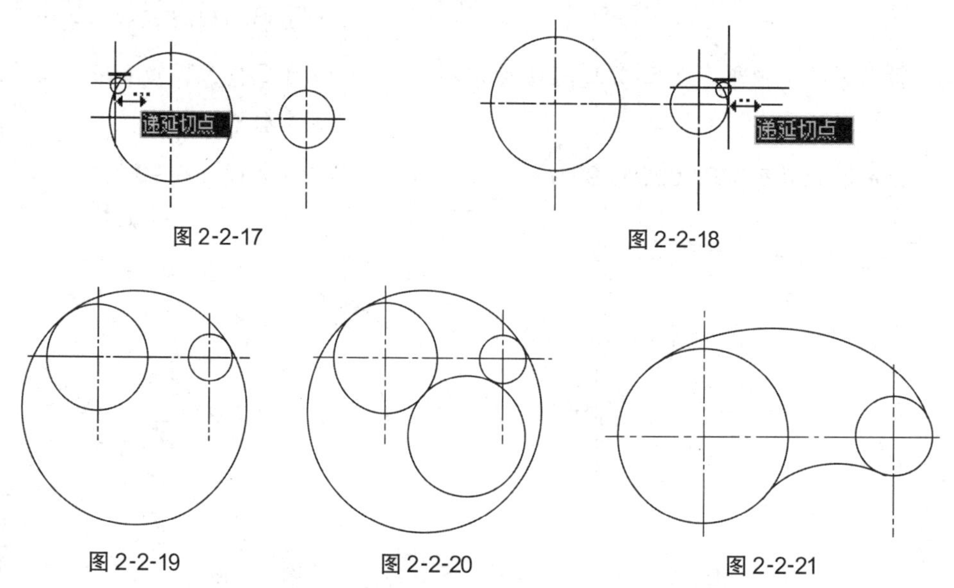


图 2-2-17　图 2-2-18

图 2-2-19　图 2-2-20　图 2-2-21

## 友情提示

画圆弧时，通常是先画圆再剪去多余部分，这样比较简单。但有时也要看已知条件是否适合，如果要直接画圆弧，可以单击绘图工具栏中的“圆弧”工具，或是通过“绘图”菜单下的“圆弧”命令。

(6)绘制圆中的两个正六边形。

## 友情提示

绘制正多边形时，大部分已知条件都是如图 2-2-22 所示，但请仔细观察，*A*、*B* 两个正六边形的尺寸都是 80，但由于标注的位置不一样，它们显然不一样大。以 80 为直径各画一个圆可以看到，正多边形 *A* 的每个角点都在圆上，它其实处于圆内，这种情况称它是内接于圆；再看正多边形 *B*，它的每条边都和圆相切，并且在圆的外面，这种情况称它是外切于圆。

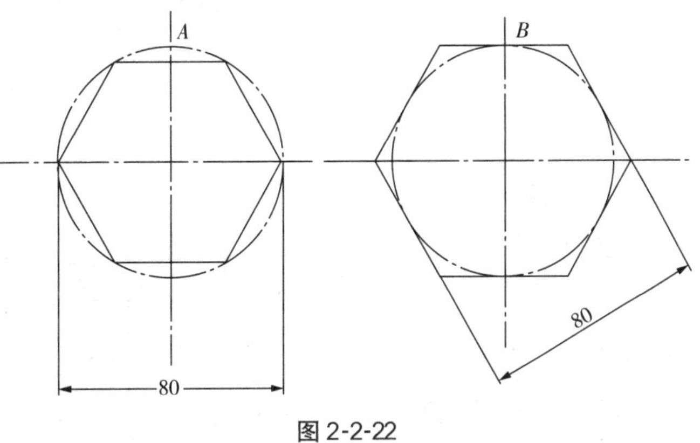


图 2-2-22

①单击绘图工具栏中的“正多边形”工具，参照如下命令行操作：

| | |
|---|---|
| 命令：_polygon 输入边的数目<4>：6 | //输入大的正六边形的边数 6 |
| 指定正多边形的中心点或［边(E)］： | //单击大圆圆心 |
| 输入选项［内接于圆(I)/外切于圆(C)］<I>：I | //输入参数 I |
| 指定圆的半径：40 | //输入该正多边形内接圆的半径 40 |

②大正六边形画出后按同样的方法画出小的正六边形，要注意的是小的正六边形是外切于圆的，输入的参数应该是 *C*。

**友情提示**

绘制正多边形时，如果给出的已知条件是其中一条边的长度或该边的两个端点，那么在输入该正多边形的边数后输入参数 *E*，再按提示操作即可。

**做一做**

绘制图 2-2-6。

## 活动 3　绘制简单几何图形（三）

本活动将绘制如图 2-2-23 所示的图形，从中学习椭圆的绘制及“圆角”“复制”“移动”“旋转”等命令的使用。

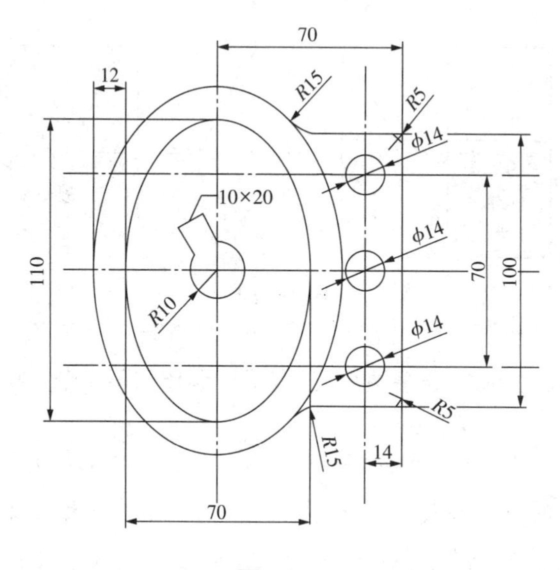


图 2-2-23

（1）首先建好图层并画好中心线，如图 2-2-24 所示。

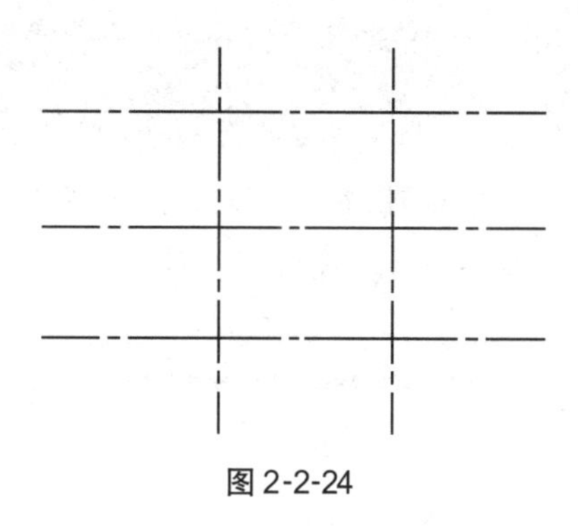

图 2-2-24

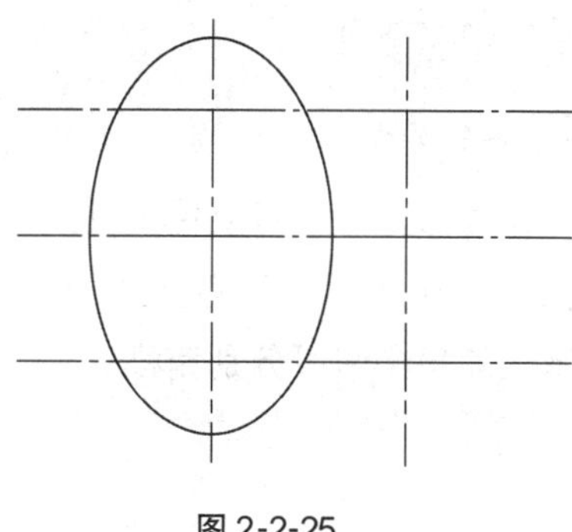

图 2-2-25

（2）画椭圆。

①单击绘图工具栏中的“椭圆”工具，参照如下命令行操作：

命令：_ellipse

指定椭圆的轴端点或［圆弧（A）/中心点（C）］：c　//输入参数 c

指定椭圆的中心点：　//单击小椭圆的中心点

指定轴的端点：<正交　开> 55　//开启正交，输入椭圆一根半轴的长度 55

指定另一条半轴长度或［旋转（R）］：35　//输入椭圆一根半轴的长度 35

小椭圆画出如图 2-2-25 所示。

②单击修改工具栏中的“偏移”工具，参照如下命令行操作：

命令：_offset

指定偏移距离或［通过（T）/删除（E）/图层（L）］<通过>：12

//输入小椭圆向外偏移的距离为 12

选择要偏移的对象或［退出（E）/放弃（U）］<退出>：　//选择小椭圆

指定要偏移的那一侧上的点：　//在小椭圆外面单击

大椭圆画出如图 2-2-26 所示。

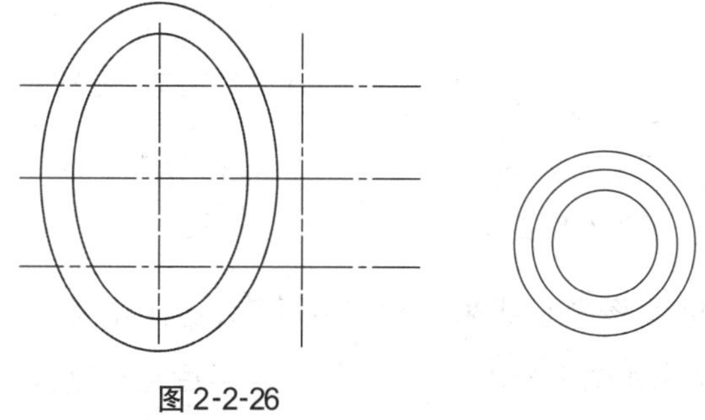

图 2-2-26

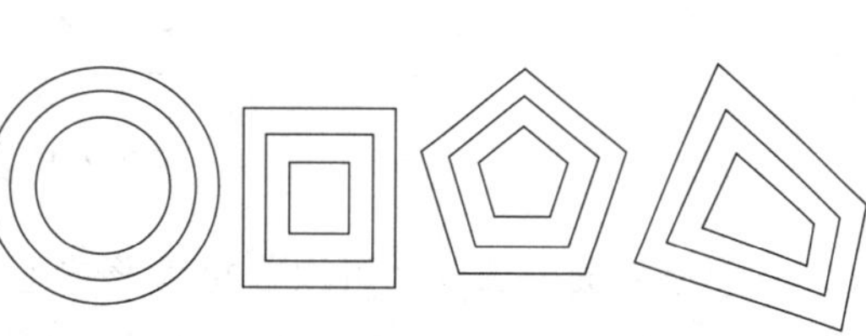

图 2-2-27

## 友情提示

偏移命令不但可以用于画线段，还可以用于画椭圆、圆、矩形、多边形等图形，如图 2-2-27 所示。注意，这些图形必须使用相应的工具画出，用直线工具画出的图形只能每条线段分别偏移。

（3）画右边的 3 个小圆。

①先画出中间的小圆，如图 2-2-28 所示。

②复制另外两个小圆。

单击修改工具栏中的“复制”工具，参照如下命令行操作：

```
命令：_copy
选择对象：找到 1 个                                  //选择小圆
选择对象：                                           //按“Enter”键确认
指定基点或[位移(D)/模式(O)]<位移>：o                 //输入参数 o
输入复制模式选项[单个(S)/多个(M)]<多个>m ：          //输入参数 m
指定基点或[位移(D)/模式(O)]<位移>：                  //单击小圆圆心
指定位移的第二点或<用第一点作位移>：                 //单击小圆右上的中心线交点
指定第二个点或[退出(E)/放弃(U)]                      //单击小圆右下的中心线交点
```

最后按“Esc”键退出，由此将中间小圆复制到上、下各一个，如图 2-2-29、图 2-2-30 所示。

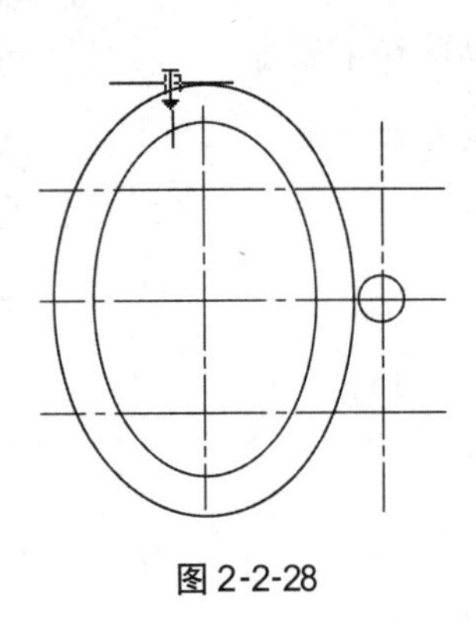

图 2-2-28

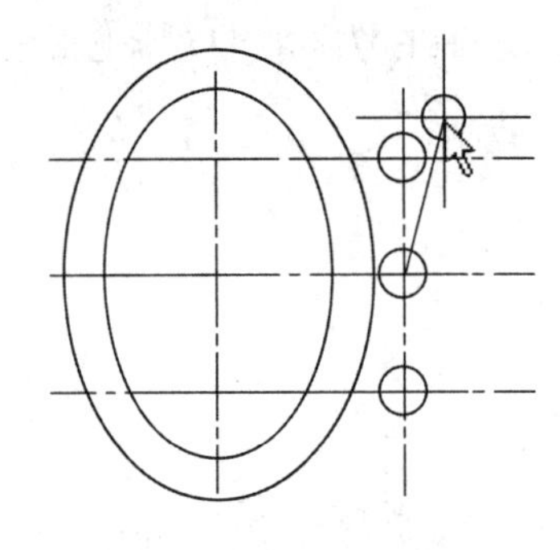

图 2-2-29

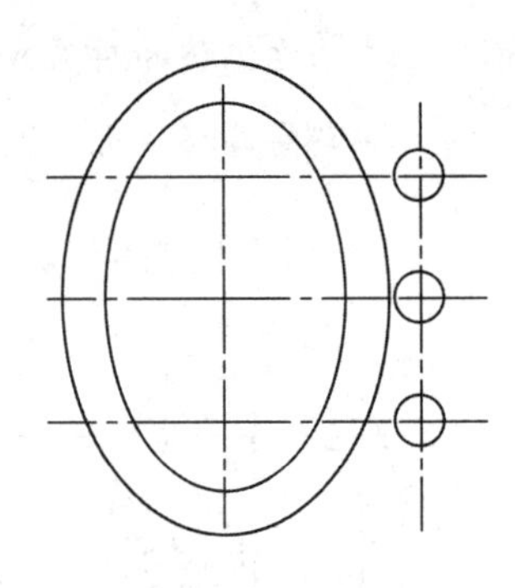

图 2-2-30

（4）画小圆外面的部分。可以直接偏移中心线来得到它的轮廓，这比使用直线工具简单得多。根据已知条件，将中心线作如图 2-2-31 所示的偏移。然后再用直线工具沿着偏移好的线条画出这个部分，最后将偏移出的中心线删掉即可，如图 2-2-32 所示。

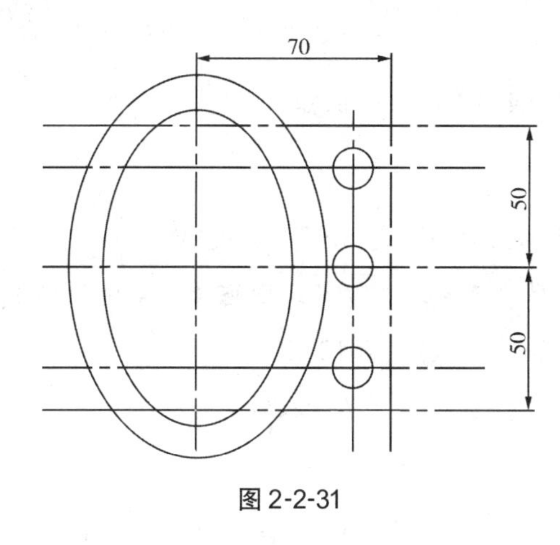

图 2-2-31

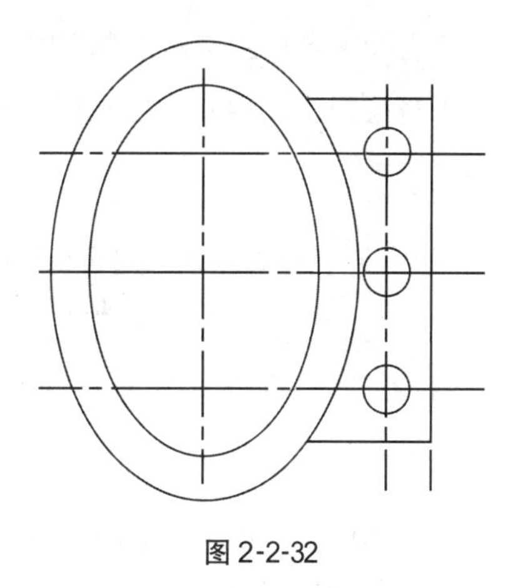
图 2-2-32

(5)画 *R*15 和 *R*5 的圆弧。

选择修改工具栏中的“圆角”工具,参照如下命令行操作:

命令:_fillet
当前设置:模式=修剪,半径=0.0000
选择第一个对象或[放弃(U)多段线(P)/半径(R)/修剪(T)/多个(M)]:r
//输入参数 r
指定圆角半径<0.0000>:15 //输入圆弧半径 15
选择第一个对象或[放弃(U)多段线(P)/半径(R)/修剪(T)/多个(M)]:
//选择大椭圆
选择第二个对象,或按住 Shift 键选择要应用角点的对象: //选择上面一根与大椭圆相交的线段

第一段 *R*15 的圆弧画好,如图 2-2-33 所示,然后照样把其余的圆弧画出,如图 2-2-34 所示。

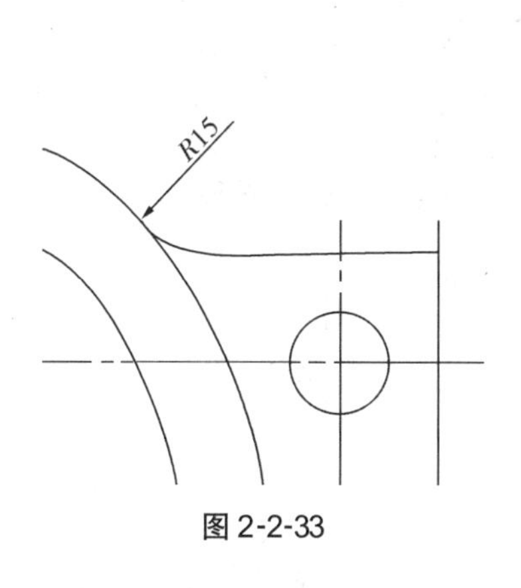

图 2-2-33

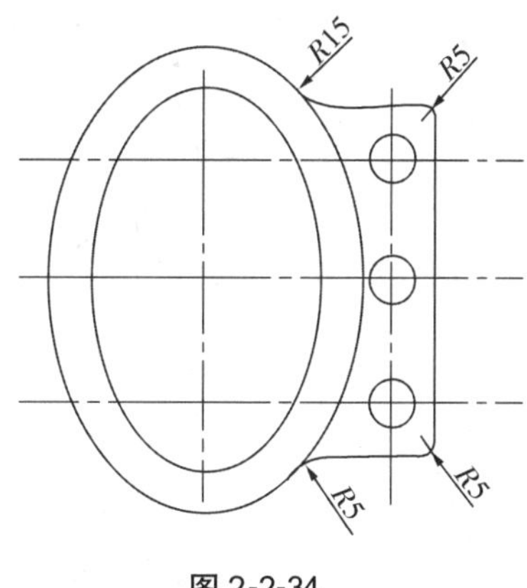

图 2-2-34

(6)画椭圆中间的部分。

①画椭圆中间的小圆。

②在绘图窗口的空白处画 10×20 的矩形。

单击绘图工具栏中的“矩形”工具，参照如下命令行操作：

```
命令:_rectang
指定第一个角点或［倒角(C)/标高(E)/圆角(F)/厚度(T)/宽度(W)］:
                                          //在绘图窗口的空白处单击
指定另一个角点或［面积(A)尺寸(D)旋转(R)］:@10,20
                                          //输入对角点的坐标
```

一个 10 mm×20 mm 的矩形即可画出。

**友情提示**

矩形可以用矩形工具或直线工具画出，不同的是用矩形工具画出的矩形是一个对象，用直线工具画出的是 4 个对象，在选择对象时要注意它们的区别。

③将矩形移到正确的位置。

单击选择修改工具栏中的“移动”工具，参照如下命令行操作：

```
命令:_move
选择对象：找到 1 个                                //选择矩形
选择对象：                                         //按“Enter”键确认
指定基点或［位移(D)］<位移>:                       //单击矩形底边的中点
指定位移的第二点或<用第一点作位移>:<正交关>        //单击椭圆中间小圆的圆心
```

矩形移动完成，其过程如图 2-2-35、图 2-2-36 所示。

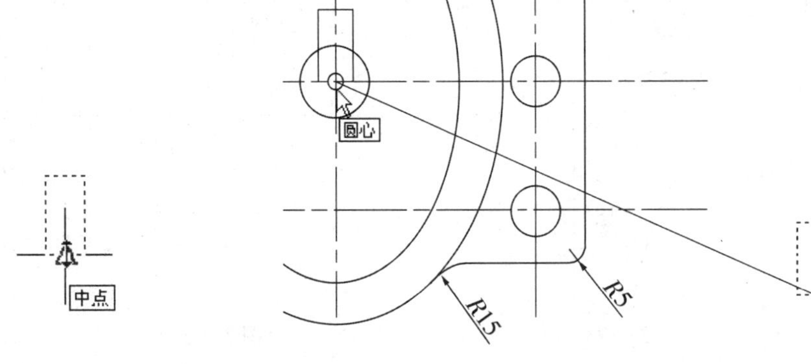


图 2-2-35　　　　图 2-2-36

④将该矩形逆时针旋转30°。

单击修改工具栏中的“旋转”工具，参照如下命令行操作：

命令：_rotate

UCS 当前的正角方向：ANGDIR＝逆时针 ANGBASE＝0

选择对象：找到 1 个

选择对象：找到 1 个，总计 2 个 //选择矩形和小圆

选择对象： //按“Enter”键确认

指定基点： //选择小圆圆心

指定旋转角度或［复制(C)/参照(R)］：30 //输入旋转角度30

⑤修剪掉多余的部分，如图2-2-37所示。

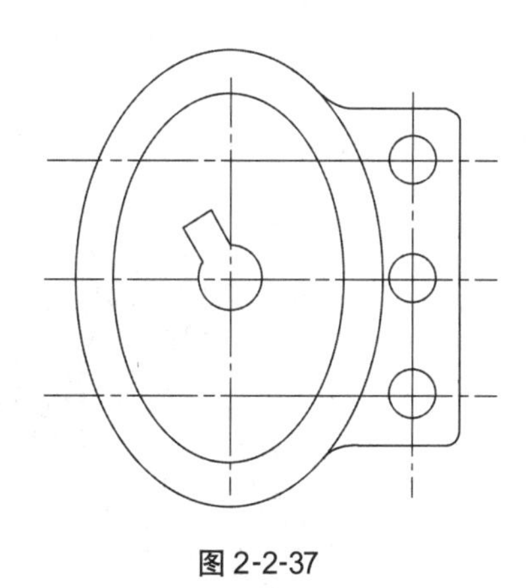

图 2-2-37

**友情提示**

旋转时输入的是逆时针角度，如果不是请注意换算。

**做一做**

绘制图2-2-23。

## ▶疑难解答

**问题1：斜线要画在斜上方，我怎么总是画到斜下方呢？**

答:使用极坐标画斜线时,要注意输入的角度必须是斜线段和以该斜线段的第一点为原点的 X 轴正方向之间的夹角,并且是从 X 轴正方向开始沿逆时针方向到斜线段之间的角度。

**问题 2:当画一个圆与其他两圆相切时,本来是画外切,却画成了内切,有时是画内切却又画成了外切?总之切法不是我想要的,怎么回事呢?**

答:当你捕捉切点时,尽管鼠标在圆上较大范围内移动,都会有切点指示,但单击的位置不同,圆的切法也不同。若两切点靠近内侧,那么容易画成外切;若两切点靠近外侧,一般容易画成内切。可以多次变幻切点位置来发现规律。

**问题 3:在复制或移动时,鼠标不能移动到需要的点上,怎么回事呢?**

答:将"正交"按钮弹起以关闭正交。

## ▶作业与考核

绘制图 2-2-38—图 2-2-44。

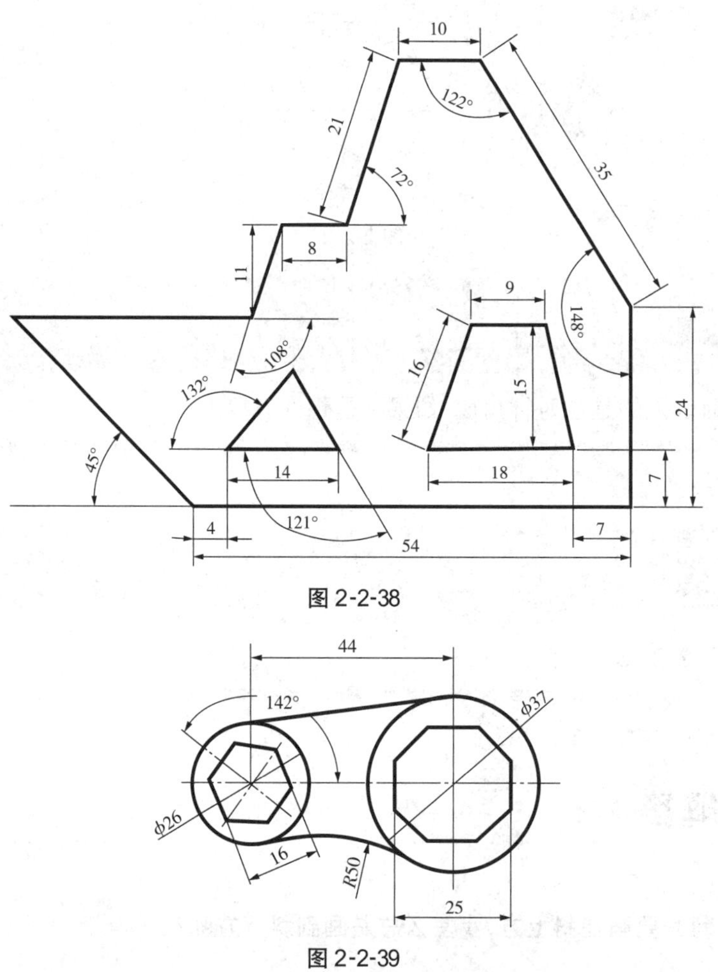


图 2-2-38

图 2-2-39

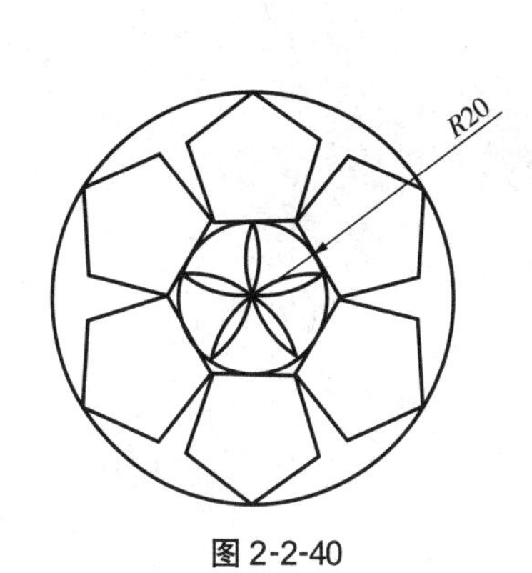


图 2-2-40

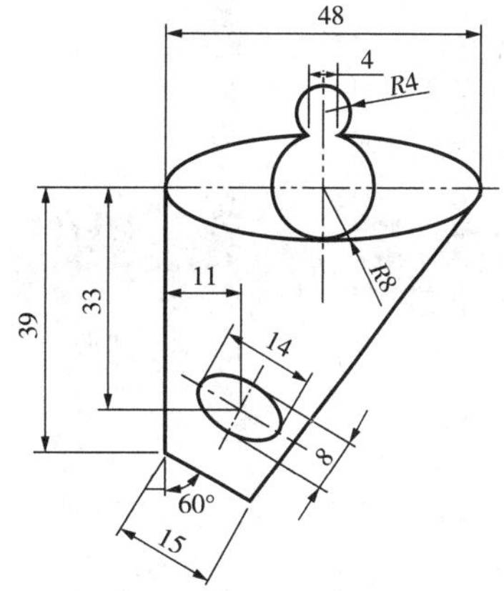

图 2-2-41

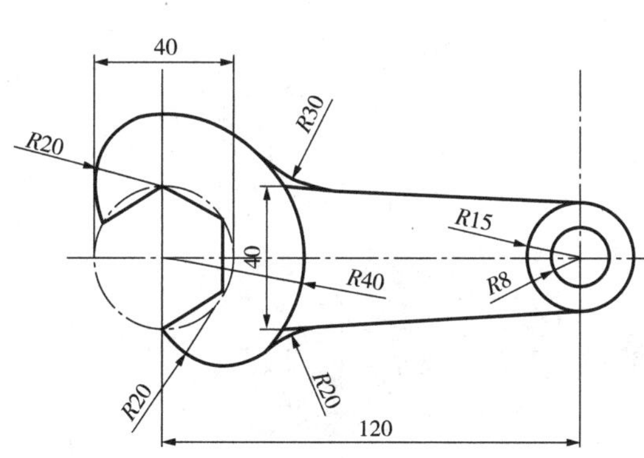

图 2-2-42

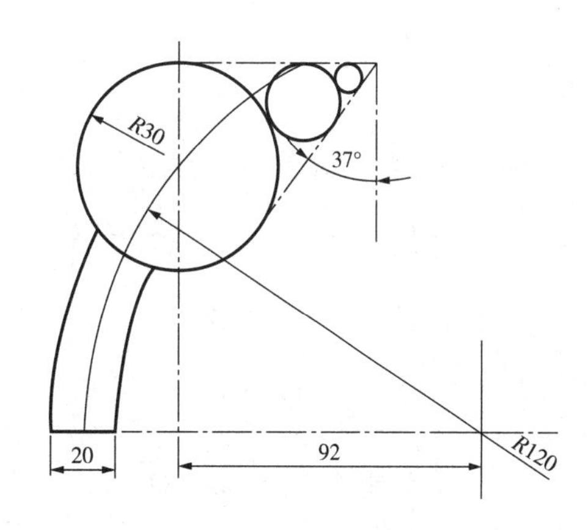


图 2-2-43

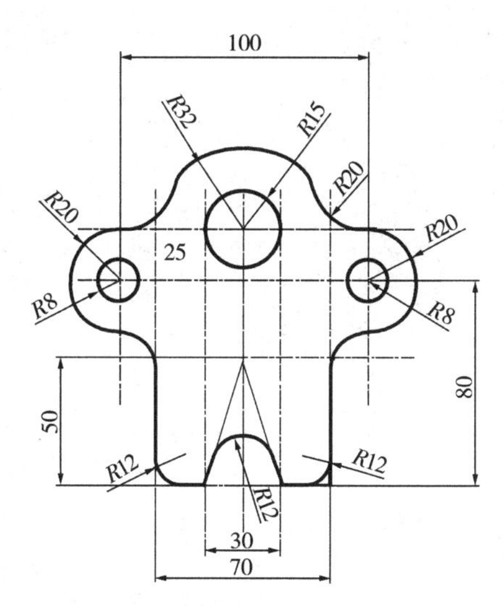


图 2-2-44

# 模块三 / 绘制复杂图形

在学会了简单图形的绘制后，本模块来学习机械专业图纸的绘制。从学习绘制较为复杂的机械类图形开始，慢慢熟悉 AutoCAD 在机械行业的应用，并掌握一些更加高级的绘图方法和技巧。

具体任务：

+ 创建及其管理图层。
+ 运用镜像和阵列命令。
+ 创建尺寸标注样式。
+ 运用常用尺寸标注。
+ 绘制和标注综合图形。

NO.1 [任务一]

# 绘制复杂图形(一)

在 AutoCAD 的实际绘图过程中,经常会碰到一些具有对称特性的较复杂的图形。绘制这类图形时,由于图线较多,为了便于区分和管理,需要把不同特性的图线绘制在不同的图层上。本任务就图形的这些特点进行实例讲解,从中掌握图层和镜像命令的使用。

在本任务中,将绘制图 3-1-1 所示的对称图形。它是由粗实线、点画线、虚线等多种图线绘制而成的。通过本任务学习,主要熟悉创建图层的方法及其应用,掌握镜像命令的使用,并能够利用这些命令完成类似图形的绘制。

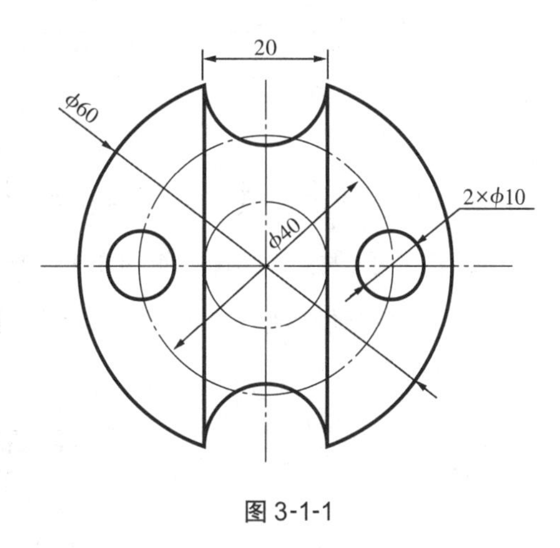


图 3-1-1

## 活动 1 生成及应用图层

### 相关知识

每个图层都有一个名称,并具有颜色、线型、线宽等各种特性。建议:粗实线图层,线型为 Continuous,线宽为 0.5 ~2,图层颜色一般为白色;点画线图层,线型为 ACAD-ISO 04W100 或 Center2,图层颜色一般为红色,线宽为粗实线的 1/2;虚线图层,线型为 ACAD-ISO 02W100,图层颜色为黄色,线宽为粗实线的 1/2。

(1)创建新文件。选择“文件”→“新建”命令或单击标准工具栏中的“新建”按钮，在弹出的“选择样板”对话框中选择 acadiso，单击“打开”按钮，创建新文件，如图 3-1-2 所示。

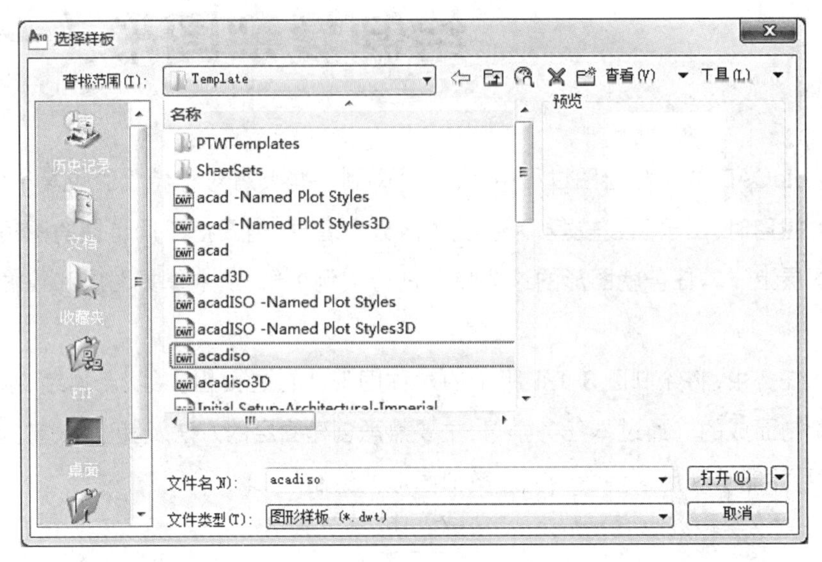


图 3-1-2

(2)建立粗实线、点画线和虚线图层。

①选择“格式”→“图层”命令或单击图层工具栏中的“图层”按钮，如图 3-1-3 所示。

②执行命令后，弹出“图层特性管理器”对话框，如图 3-1-4 所示。

③单击“新建”按钮，系统将自动新建一个图层并命名为“图层 1”，新建的图层各项为默认设置，如图 3-1-5 所示。

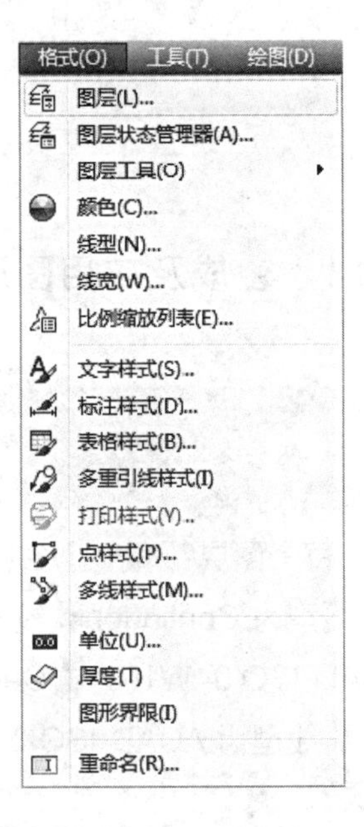


图 3-1-3

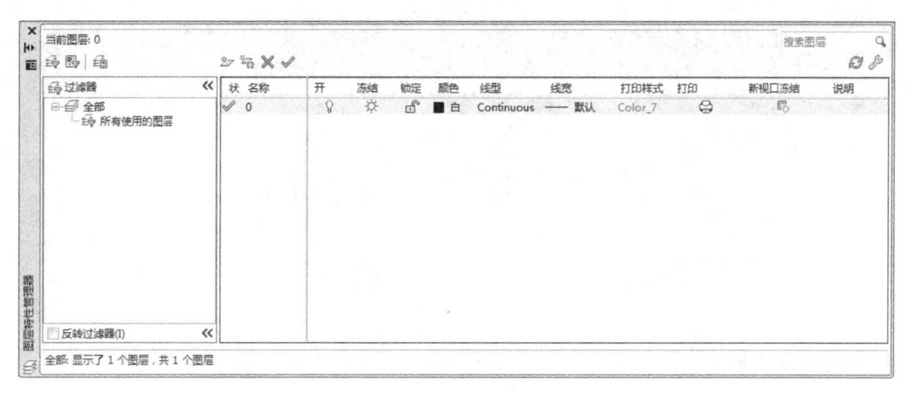


图 3-1-4

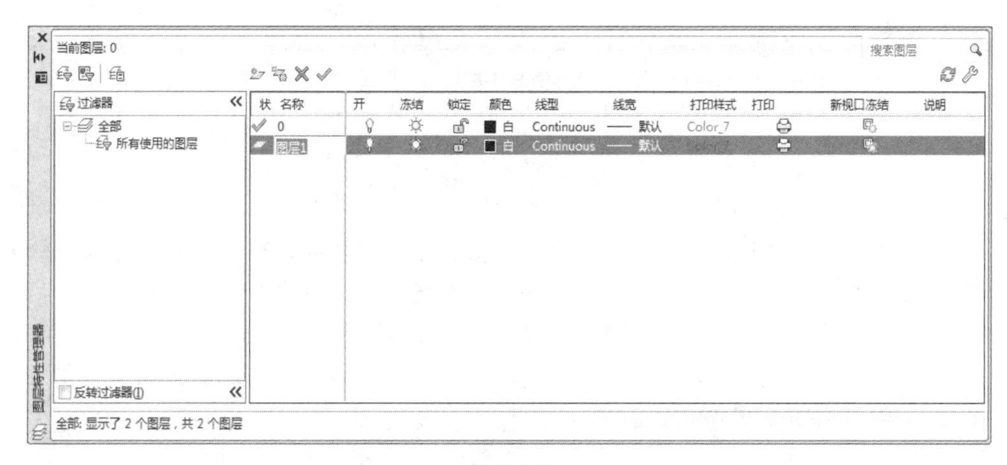


图 3-1-5

## 友情提示

在“图层特性管理器”对话框中，每单击一次“新建”按钮 ，系统就自动建立一个新的图层。其中名称为“0”的图层是 AutoCAD 自动定义的，且不可删除。在某一图层处于选中的状态下按“Enter”键可以快速新建图层。

④按表 3-1-1 所示依次创建图层，新建好后的“图层特性管理器”如图 3-1-6 所示。

表 3-1-1

| 名 称 | 颜 色 | 线 型 | 线 宽 |
| --- | --- | --- | --- |
| 粗实线 | 默认 | 默认 | 0.50 |
| 点画线 | 红色 | ACAD_ISO 04W100 | 0.25 |
| 虚线 | 绿色 | ACAD_ISO 02W100 | 0.25 |

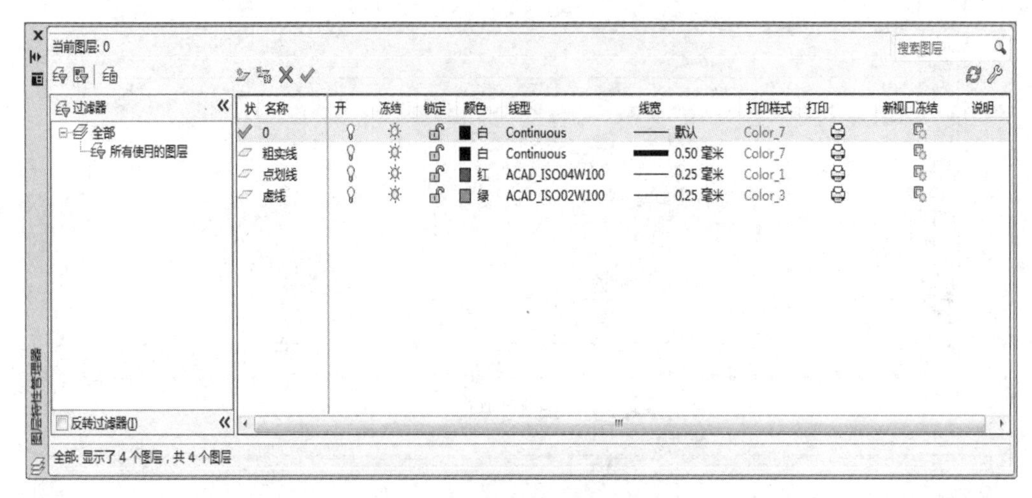


图 3-1-6

## 知识窗

在“图层特性管理器”对话框中，大家会发现每个图层中都有（关闭）、（冻结）、（锁定）3 个图标，它们对图层的图形对象分别有以下的管理控制作用。

- 打开/关闭图层的开关（图标为 ） 当该图标关闭时（呈灰黑色），在该层图形对象不显示，也不能被打印或绘图输出，但图形对象重生时要计算。单击图标 进行状态切换。
- 冻结/解冻所选层（图标为 ） 当图层被冻结时（呈灰黑色雪花状），该层的图形对象的图形数据被冻结，不显示，不能绘图输出，在图形重生时也不计算。单击图标 进行状态切换。
- 锁定/开锁（图标为 ） 当图层被锁定时（挂锁形图案呈锁定状），该层的图形对象被锁定。能显示，但不能编辑。单击锁形图标 （缺省为开锁状态）进行状态切换。

## 做一做

①在 AutoCAD 中，可以通过哪几种方式调出“图层特性管理器”对话框？

②按表 3-1-2 创建以下图层。

表 3-1-2

| 名　称 | 颜　色 | 线　型 | 线　宽 |
|---|---|---|---|
| 轮廓线 | 白色 | Continuous | 0.7 |
| 中心线 | 红色 | Center2 | 默认 |
| 尺寸线 | 红色 | Continuous | 默认 |

## 活动2　绘制图形轮廓

### 相关知识

用绘图命令绘制的图形都产生在当前层上，当前层只有一个，所以当需要绘制某个图形时，首先要把它对应的图层设置为当前层。

方法一：在“图层特性管理器”对话框中，选中该层，然后单击按钮。

方法二：单击图层工具栏中的“图层列表”按钮，便显示所建的全部图层，然后单击所需的图层名即可。

（1）设置点画线层作为当前层，结果如图 3-1-7 所示。

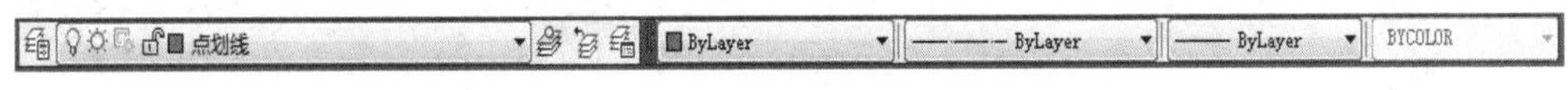


图 3-1-7

（2）绘制点画线。

打开对象捕捉，设置捕捉模式为交点，然后单击绘图工具栏中的“直线”工具和“画圆”工具，绘制两条长约为 100 的中心线和 $\phi$20、$\phi$40 的中心圆，如图 3-1-8、图 3-1-9 所示。

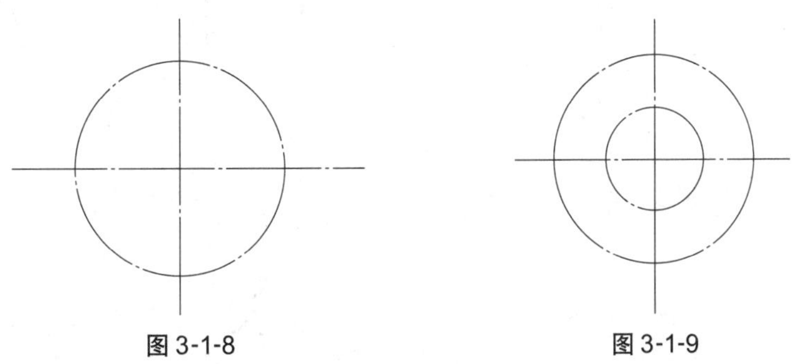

图 3-1-8　　图 3-1-9

（3）切换粗实线层作为当前层，绘制 $\phi$60 和 $\phi$10 的圆，然后把竖直中心线向右偏移 10，结果如图 3-1-10 所示。

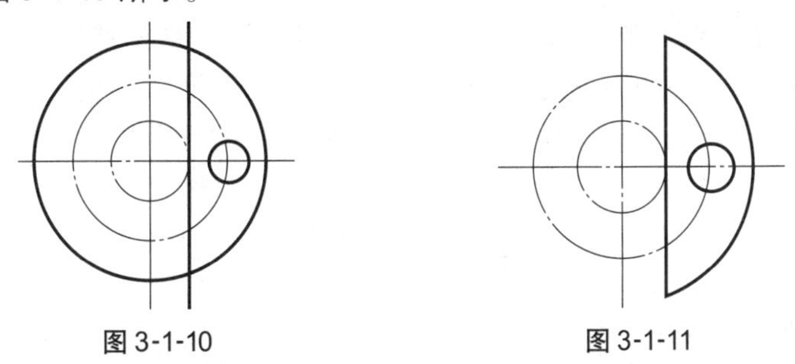

图 3-1-10　　图 3-1-11

（4）对左半边的粗实线进行修剪，结果如图 3-1-11 所示。

(5)镜像图形。

单击“镜像”工具按钮 ,参照如下命令行操作:

```
命令:_mirror
选择对象:                                    //选择图 3-1-11 右边的粗实线图形
选择对象:找到 1 个,总计 3 个
选择对象:                                    //选择结束,按“Enter”键
指定镜像线的第一点:<对象捕捉  开>              //在镜像线上单击
指定镜像线的第一点:指定镜像线的第二点:        //在镜像线上单击
是否删除源对象?[是(Y)/否(N)]<N>:             //按“Enter”键
```

结果如图 3-1-12 所示。

(6)单击绘图工具栏中的“圆弧”工具 ,绘制以 *c*、*d* 两点分别作为圆弧的起点和终点,半径为 10 的圆弧,照样画出下面的另一段圆弧,完成图形的绘制,结果如图 3-1-13 所示。

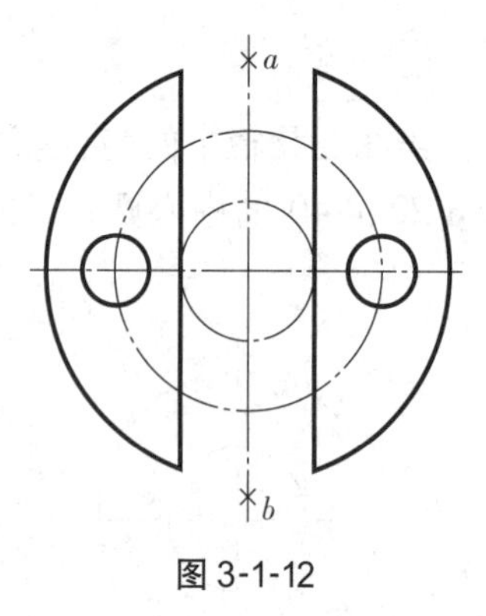


图 3-1-12

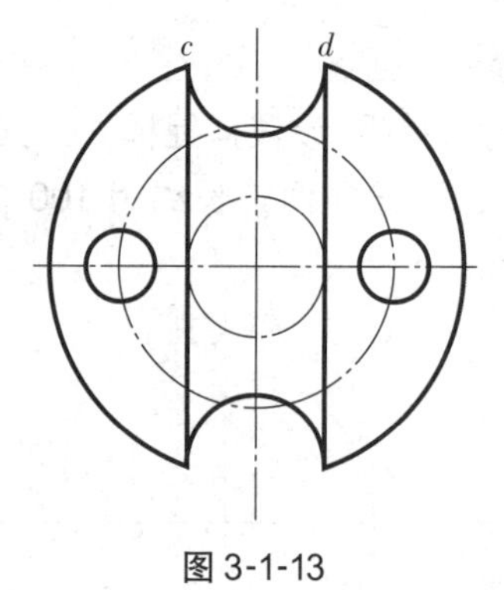


图 3-1-13

## 友情提示

*a*、*b* 两点可以是图形对称轴线上的任意两点。

在“是否删除源对象?[是(Y)/否(N)]<N>:”中,系统默认的选项为 N。如果只需要得到镜像后的图形,输入 Y 并按“Enter”键即可。

绘制圆弧时,单击起点和终点的先后顺序不同,则圆弧的弯曲方向就会相反。

## ▶疑难解答

**问题 1:无论怎么绘制图形,为什么在绘图区中总没有显示?**

答：这有可能是该图形所在的图层被关闭或被冻结，需要打开或解冻图层才能显示图形。解决方法是在“图层特性管理器”对话框中单击该图层对应的 💡 或 ☼ 图标。

**问题 2：为什么有时候我的图形不能进行修剪、删除、移动等编辑操作？**

答：这有可能是该图形所在的图层被锁定了，只能显示不能编辑，需要开锁。解决方法是在“图层特性管理器”对话框中单击该图层对应的 🔒 图标。

## 做一做

（1）绘制图 3-1-14，要求将图形的外轮廓线、中心线分别绘制到“轮廓线”“中心线”图层上。

（2）绘制如图 3-1-15 所示的图形。

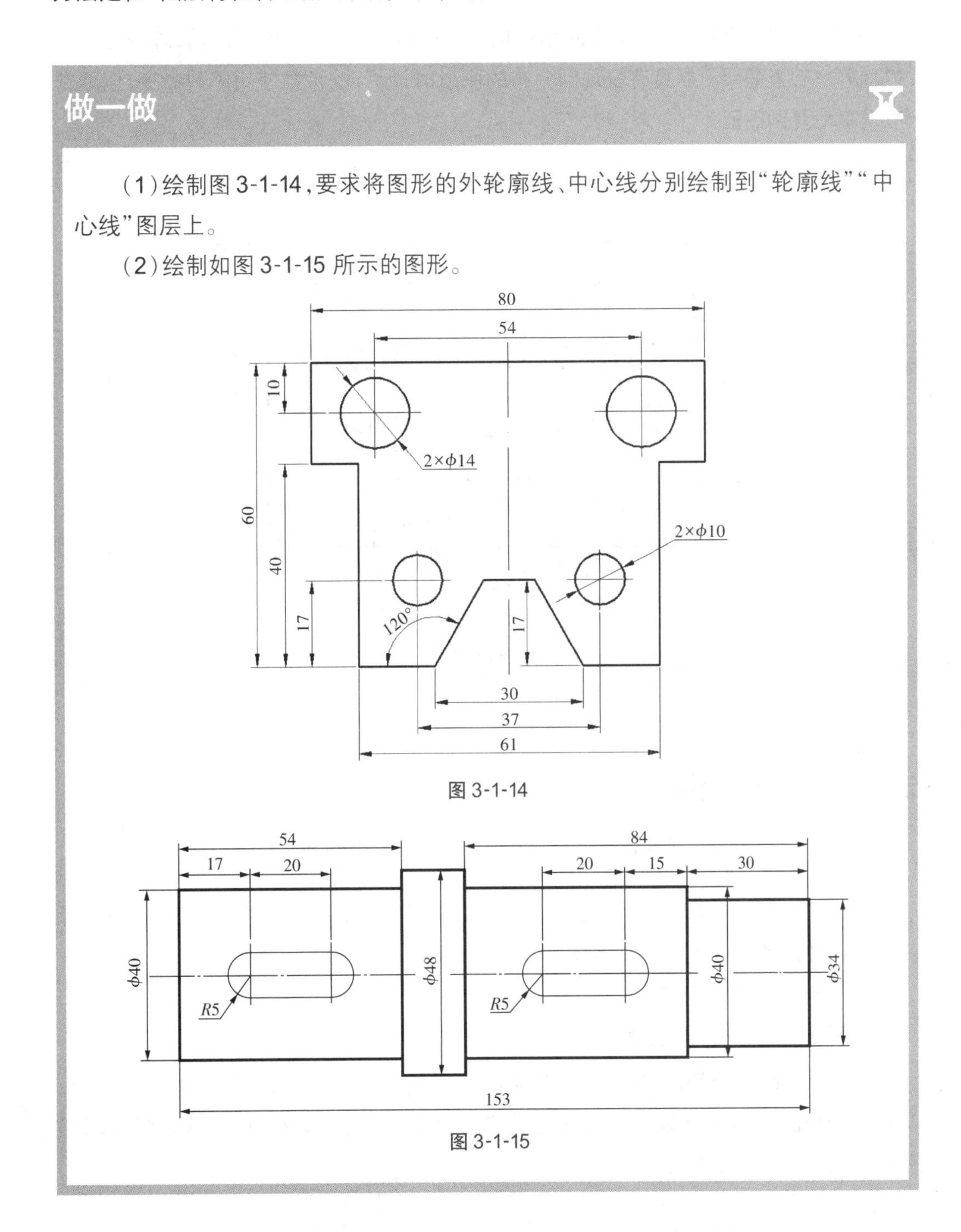


图 3-1-14

图 3-1-15

NO.2 [任务二]

# 绘制复杂图形（二）

在本任务中，将绘制图3-2-1所示的图形，从中学习阵列命令的应用；阵列是常用的复制命令，当需要复制具有呈规则分布的图形时，就可以考虑使用阵列命令，以便快速、准确地复制图形。

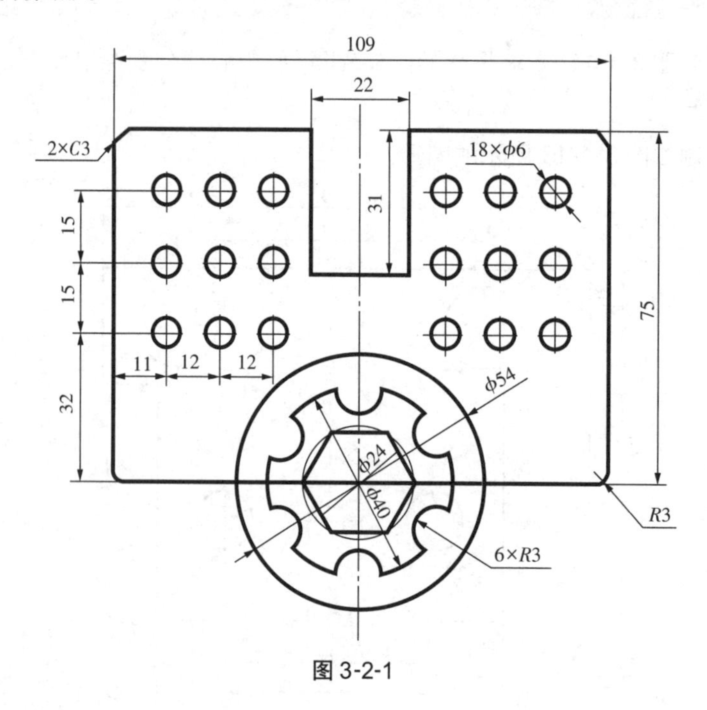


图3-2-1

## 活动1 绘制外轮廓

（1）创建新文件。

选择“文件”→“新建”命令或单击“新建”按钮，在“选择样板”对话框中选择acadiso，然后单击“打开”按钮，创建新文件，如图3-2-2所示。

（2）建立图层绘制图形。

①新建点画线和粗实线图层，如图3-2-3所示。

②按下“正交”按钮并启用对象捕捉，设置对象捕捉方式为端点、交点和最近点。选择点画线图层为当前图层，绘制水平和竖直点画线，线段长度约为120，如图3-2-4所示。

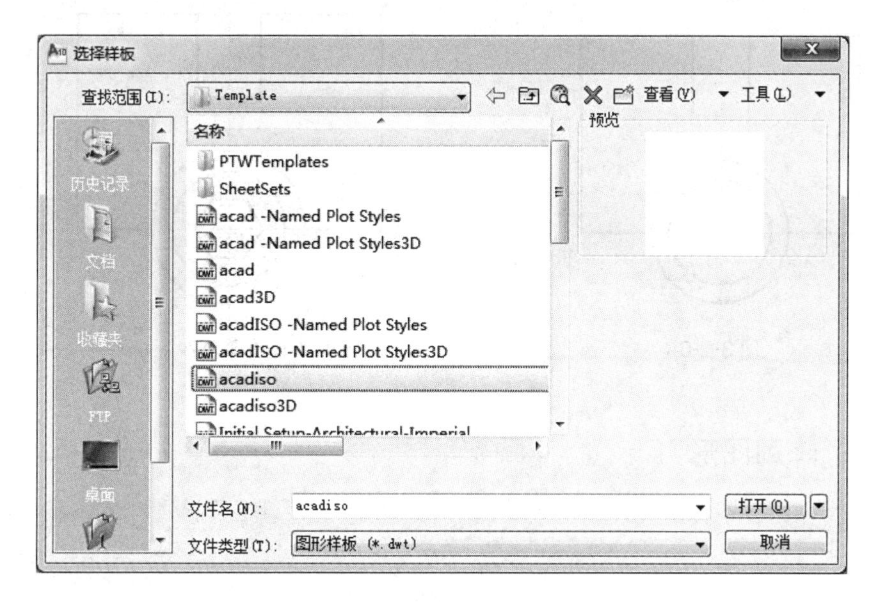


图 3-2-2

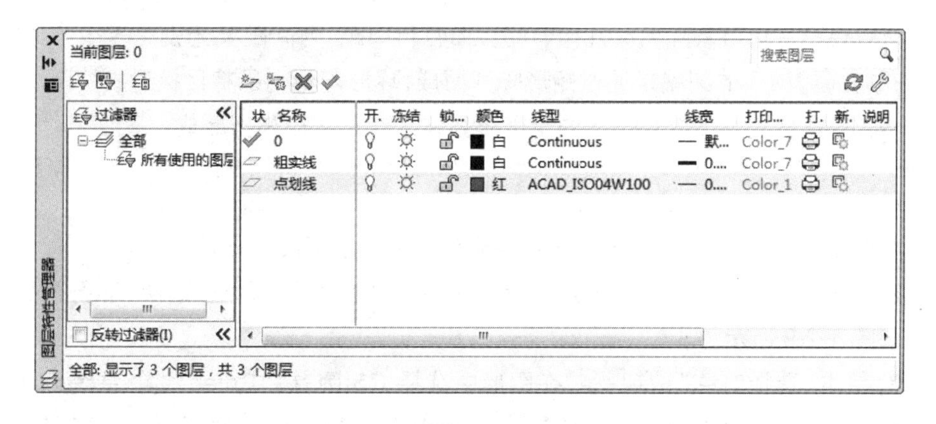


图 3-2-3

③绘制图 3-2-5 所示的图形，具体尺寸参看图 3-2-1。

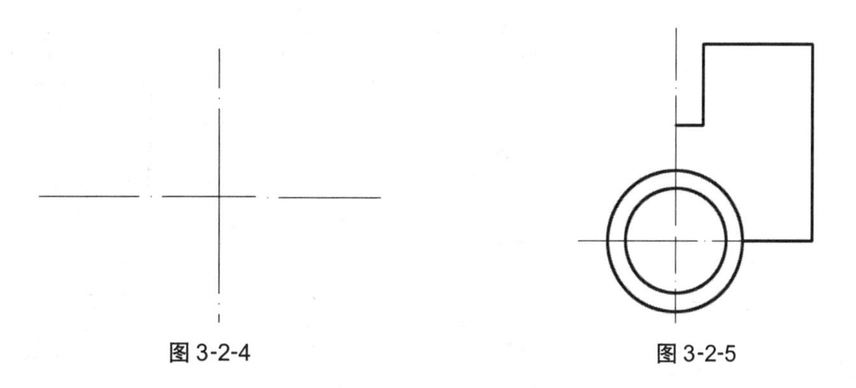

图 3-2-4　　　　图 3-2-5

④镜像右边的直线轮廓，结果如图 3-2-6 所示。

(3)绘制一个外切圆半径为 12 的正六边形，如图 3-2-7 所示。

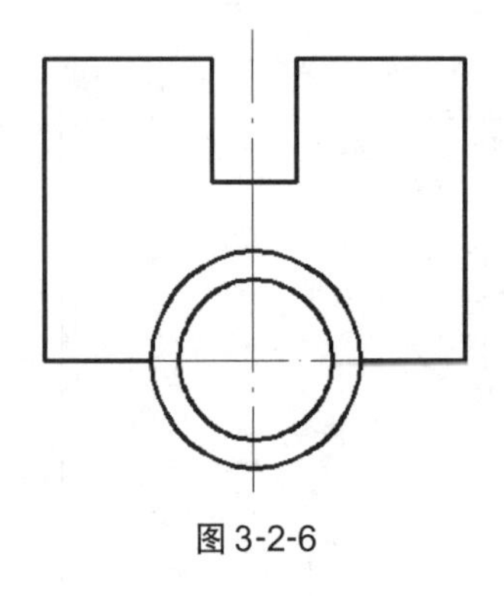

图 3-2-6

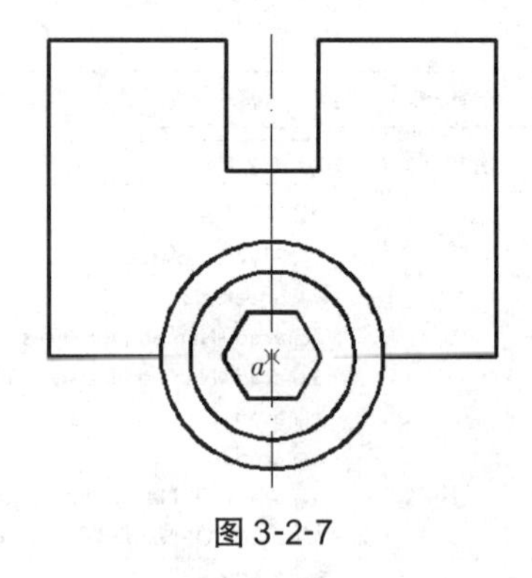

图 3-2-7

## 活动 2　阵列图形

### 相关知识

阵列分矩形阵列和环形阵列两种，矩形阵列是按照行列的方式来进行实体复制，即需要将目标对象阵列成几行、几列，而且行间距、列间距又分别是多少。如本任务中直径为 $\phi$6 的圆就是通过矩形阵列而成，环形阵列则是将目标对象按圆周等距排列，如本任务中下端 6×$R$5 的半圆排列就是通过环形阵列而成。

（1）在图 3-2-7 的基础上绘制一个半径为 5 的圆，如图 3-2-8 所示。

（2）单击修改工具栏中的“阵列”工具 ，弹出“阵列”对话框，选中“环行阵列”单选项，如图 3-2-9 所示。

（3）单击“选择对象”按钮 ，在图形中选择 $R$5 圆，按“Enter”键。系统返回“阵列”对话框，再单击“拾取中心点”按钮 ，在图形中单击 $\phi$40 的圆心 $a$ 点，系统返回“阵列”对话框，把项目总数设置为 6，填充角度中输入 360，如图 3-2-10 所示。

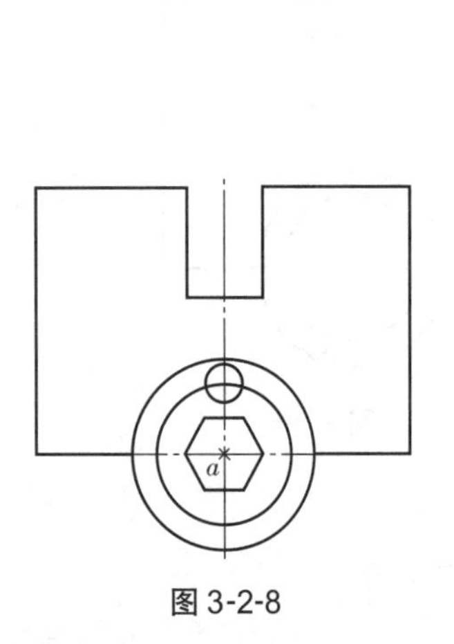

图 3-2-8

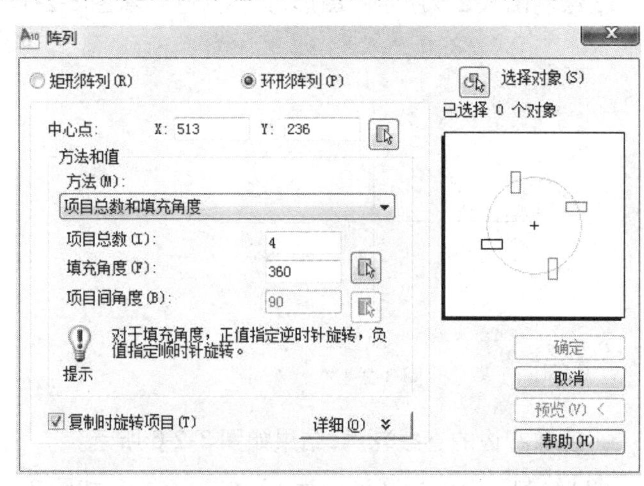

图 3-2-9

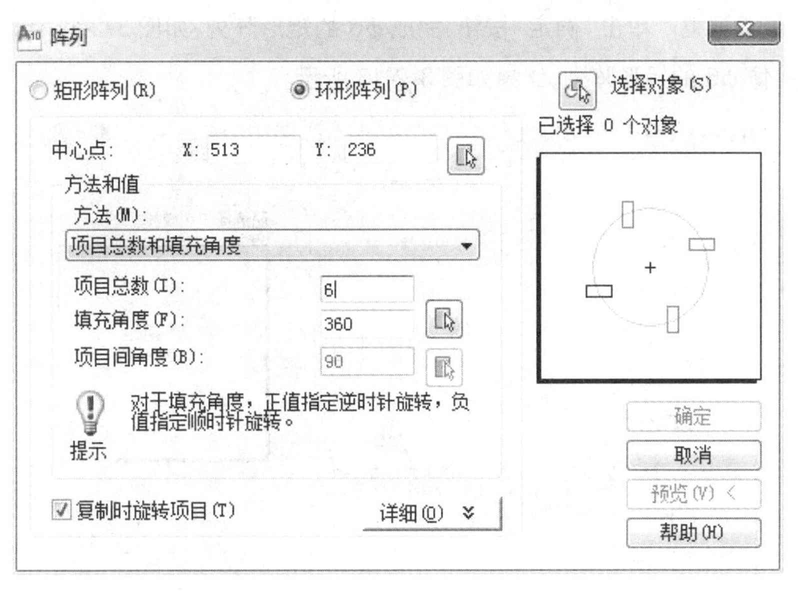


图 3-2-10

## 友情提示

AutoCAD 将矩形阵列设置为系统初始默认方式，执行一次“阵列”命令后，系统会自动将上次阵列方式作为新的默认项。

(4)单击“确定”按钮，完成 $R5$ 的环行阵列，如图 3-2-11 所示。

(5)修剪或删除多余的图线，结果如图 3-2-12 所示。

(6)根据图 3-2-1 所示的尺寸，偏移出 $\phi6$ 圆的中心线，然后绘制 $\phi6$ 的圆，结果如图 3-2-13 所示。

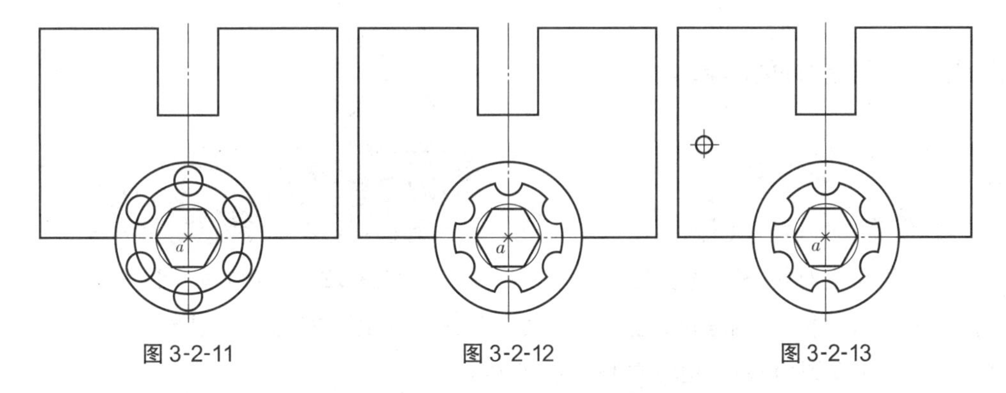

图 3-2-11　　图 3-2-12　　图 3-2-13

(7)单击“阵列”工具 器，打开“阵列”对话框，选择矩形阵列，把行数设置为 3，列数设置为 3，行偏移，列偏移分别设置为 15 和 12，阵列角度为 0，如图 3-2-14 所示。

(8)单击“选择对象”按钮，在图形中选择 $\phi6$ 圆及其轴线，按“Enter”键。系统返回“阵列”对话框。单击“确定”按钮，完成 $\phi6$ 的矩形阵列，如图 3-2-15 所示。

（9）镜像 $\phi6$ 的矩形阵列，结果如图 3-2-16 所示。

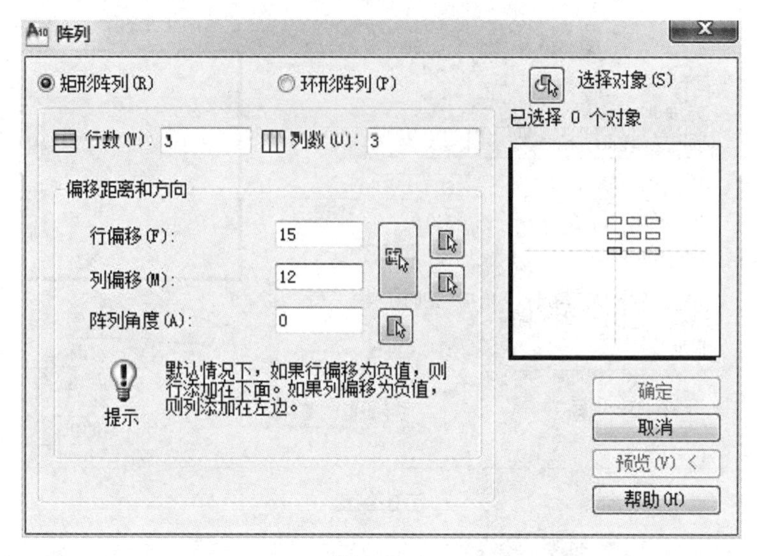


图 3-2-14

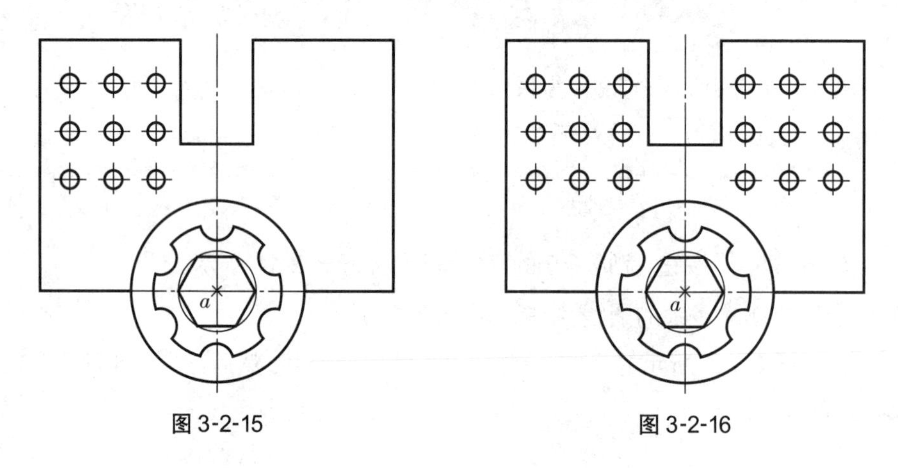


图 3-2-15　　图 3-2-16

## 活动 3　创建倒角和圆角

### 相关知识

倒角是指对两条直线边倒棱角，如本任务中的 2×*C*3 即为倒角。倒角有距离法和角度法两种；圆角是指在直线、圆弧或者圆与圆之间按指定半径作圆角，如本任务中的 *R*3 即为圆角，也可对复合线作圆角。

（1）单击“倒角”按钮，参照如下命令行操作：

命令:_chamfer

("修剪"模式)当前倒角距离 1=0.0000,距离 2=0.0000

(设置修剪模式)参照下列提示操作:

选择第一条直线或[放弃(U)/多段线(P)/距离(D)/角度(A)/修剪(T)/方式(E)/多个(M)]:t //输入 t

输入修剪模式选项[修剪(T)/不修剪(N)] <修剪>: t //按"Enter"键或输入 t

(设置倒角的长度和角度)参照下列提示操作:

选择第一条直线或[放弃(U)/多段线(P)/距离(D)/角度(A)/修剪(T)/方式(E)/多个(M)]:a //输入 a

指定第一条直线的倒角长度<0.0000>:3 //输入倒角长度 3

指定第一条直线的倒角角度<0>:45 //输入倒角角度 45

选择第一条直线或[多段线(P)/距离(D)/角度(A)/修剪(T)/方式(M)/多个(U)]: //单击直线 A

选择第二条直线,或按住"Shift"键选择要应用角点的直线: //单击直线 B

完成倒角,结果如图 3-2-17 所示。

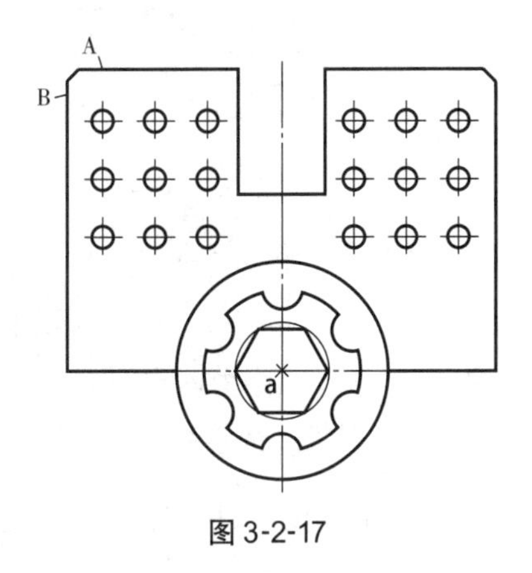


图 3-2-17

## 知识窗

若是采用距离法创建倒角,参照如下命令行操作:

选择第一条直线或[放弃(U)/多段线(P)/距离(D)/角度(A)/修剪(T)/方式(E)/多个(M)]:d //输入字母 d

指定第一个倒角距离<0.0000>:3 //输入倒角长度 3

指定第二个倒角距离<0.0000>:3 //输入倒角长度 3

再在图形中分别单击要倒角的直线 *A*、*B* 即可。

(2)单击“圆角”按钮 ,参照如下命令行操作:

命令:_fillet
当前设置:模式=修剪,半径=0.0000
选择第一个对象或[放弃(U)/多段线(P)/半径(R)/修剪(T)/多个(M)]:r
//输入 r
指定圆角半径<0.0000>:3 //输入半径 3
选择第一个对象或[放弃(U)/多段线(P)/半径(R)/修剪(T)/多个(M)]:
//单击直线 C
选择第二个对象,或按住“Shift”键选择要应用角点的对象: //单击直线 D

完成倒圆角,结果如图 3-2-18 所示。

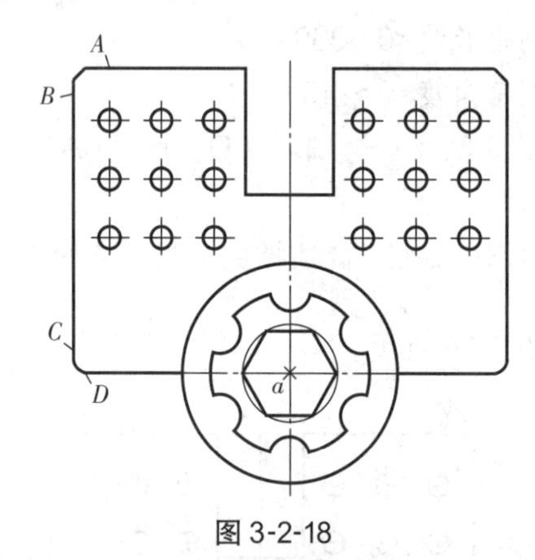


图 3-2-18

## 友情提示

在倒角和圆角的操作中,有修剪和不修剪两种模式,用户可以根据需要,通过在命令行中输入 T 来进行两种模式的转换。如设置不修剪模式,则按下列提示操作:

选择第一条直线或[放弃(U)/多段线(P)/距离(D)/角度(A)/修剪(T)/方式(E)/多个(M)]:t //输入修剪选项 t
输入修剪模式选项[修剪(T)/不修剪(N)]<不修剪>:n //输入不修剪选项 n

然后再输入倒角尺寸便可。这样倒角后,系统将保留倒角部分边角线。

## 做一做

(1)在进行矩形阵列时,若行间距和列间距都为负,则图形阵列后将沿哪个方向排列?在环形阵列中,若填充角度为负值,则图形将沿哪个方向阵列?

(2)绘制图 3-2-19—图 3-2-21 所示的图形。

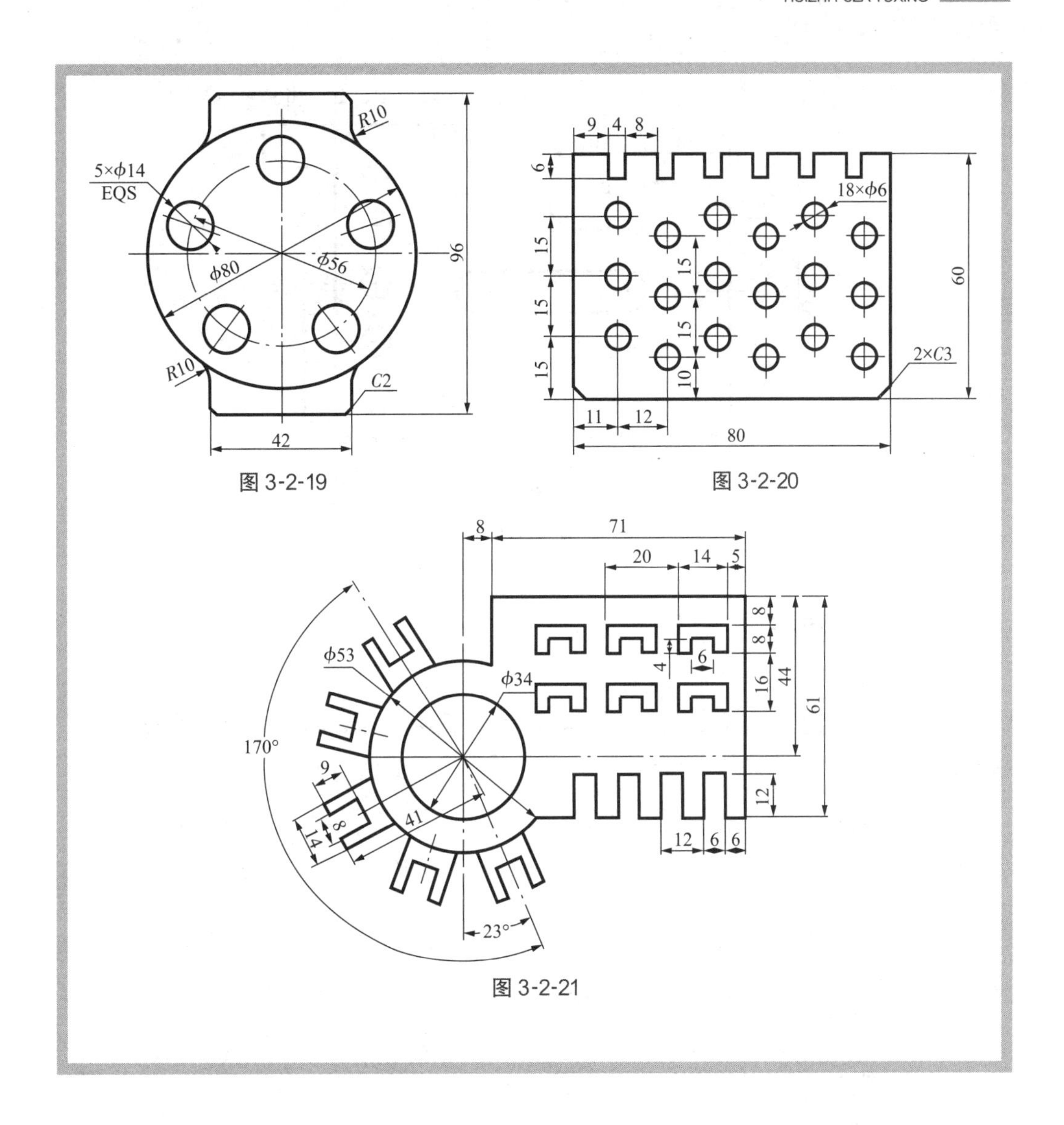


图 3-2-19

图 3-2-20

图 3-2-21

NO.3

［任务三］

# 标注尺寸

绘制图形时，尺寸标注是一个重要环节，它是零件加工、制造、装配的重要依据。尺寸标注通常由尺寸界线、尺寸线、箭头和标注文字组成，每一个组成部分的格式和外观可以通过尺寸标注样式来控制。本任务将对图 3-3-1 所示的图形进行标注，从而掌握尺寸标注样式的创建及线性标注、半径标注和引线标注等常用的尺寸标注方法。

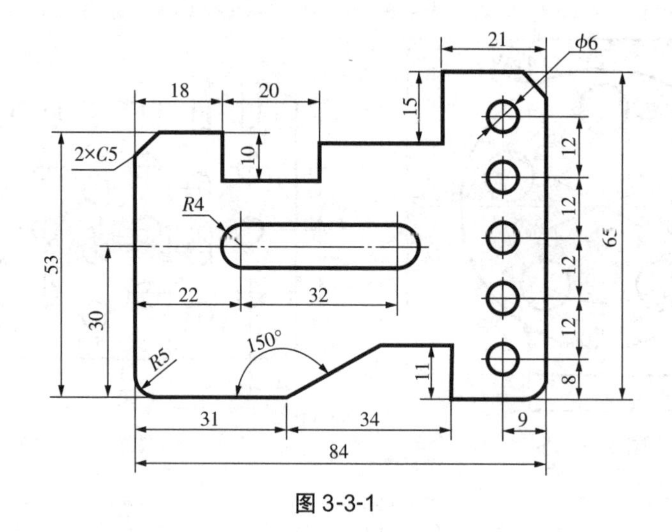


图 3-3-1

## 活动 1　绘制图形

（1）单击“新建”按钮，在“选择样板”对话框中选择 acadiso，然后单击“打开”按钮，创建新文件，如图 3-3-2 所示。

图 3-3-2

（2）建立粗实线和点画线图层，并把粗实线层设为当前层。

（3）打开正交，对象捕捉和极轴追踪，设置对象捕捉方式为端点、交点，极轴追踪的增量角为 30°。

（4）绘制图 3-3-3 所示的图形。

（5）在图 3-3-3 的基础上继续绘制，如图 3-3-4 所示。

（6）对图形进行倒角和圆角处理，结果如图 3-3-5 所示。

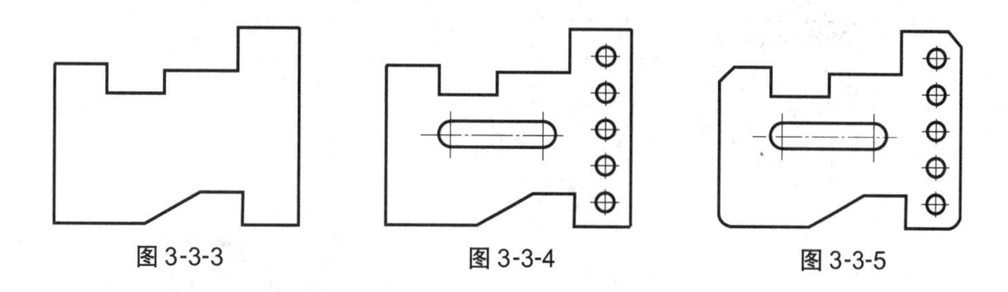

图 3-3-3　　图 3-3-4　　图 3-3-5

## 活动 2　建立标注样式

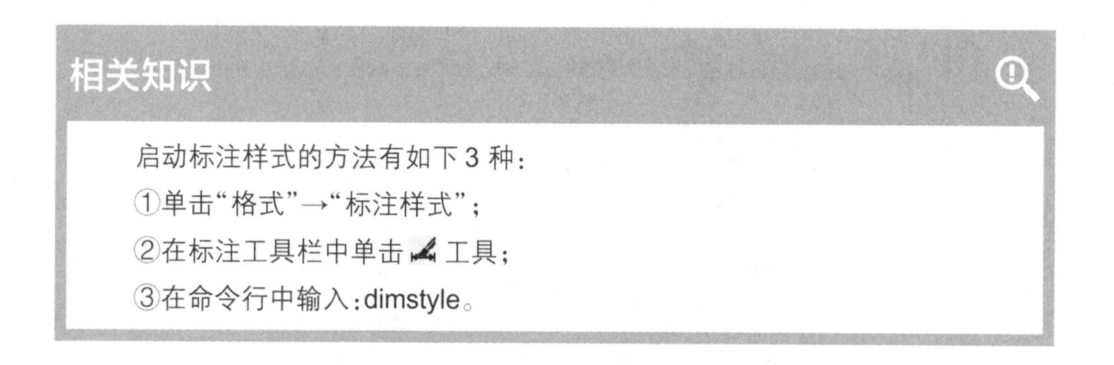

**相关知识**

启动标注样式的方法有如下 3 种：

①单击“格式”→“标注样式”；

②在标注工具栏中单击 工具；

③在命令行中输入：dimstyle。

（1）单击图层特性管理器按钮 ，创建一个名为“标注”的图层，线型为 Continuous，线宽为 0.25，颜色为蓝色，并把它设为当前层，如图 3-3-6 所示。

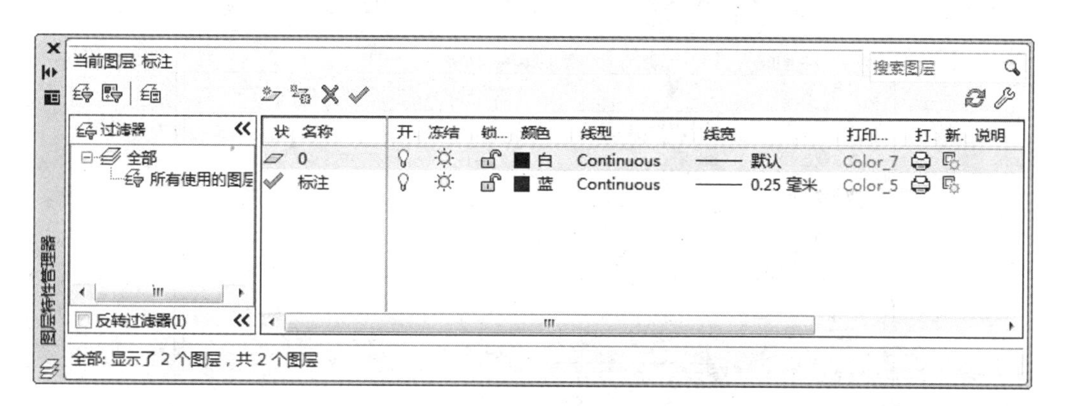


图 3-3-6

（2）选择“格式”→“标注样式”命令或单击标注工具栏上的 按钮，打开“标注样式管理器”对话框，如图 3-3-7 所示。

（3）单击“新建”按钮，打开“创建新标注样式”对话框，在“新样式名”文本框中输入新的样式名称“标注-1”，如图 3-3-8 所示。

（4）单击“继续”按钮，系统进入“新建标注样式：标注-1”对话框，单击“文字”选项卡，按照图 3-3-9 所示的参数进行设置。

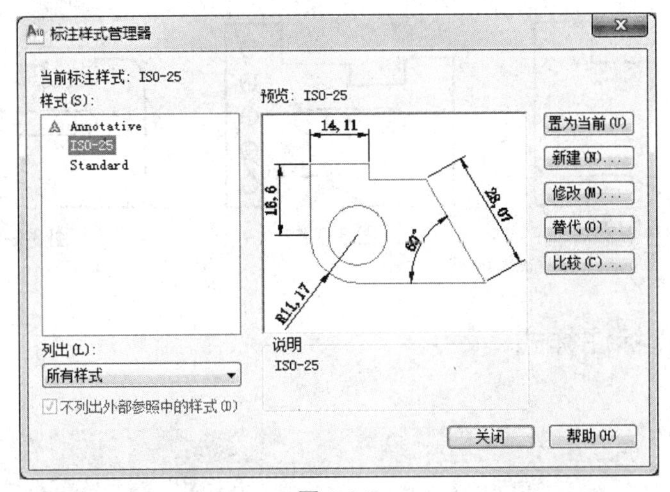


图 3-3-7

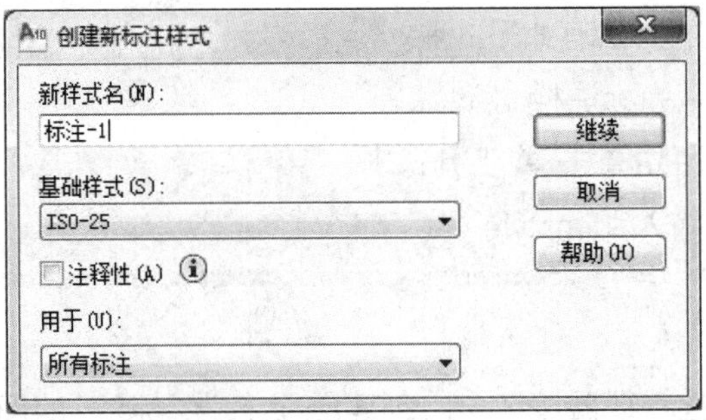

创建新标注样式
新样式名(N)：
标注-1
继续
基础样式(S)：
ISO-25
取消
注释性(A)
帮助(H)
用于(U)：
所有标注

图 3-3-8

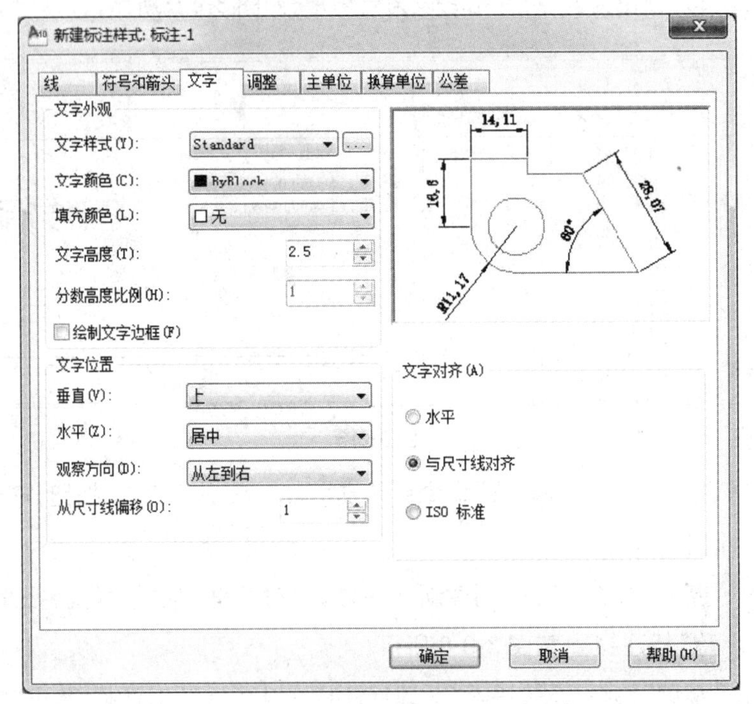


图 3-3-9

（5）单击“线”选项卡，按照图3-3-10所示的参数进行设置。

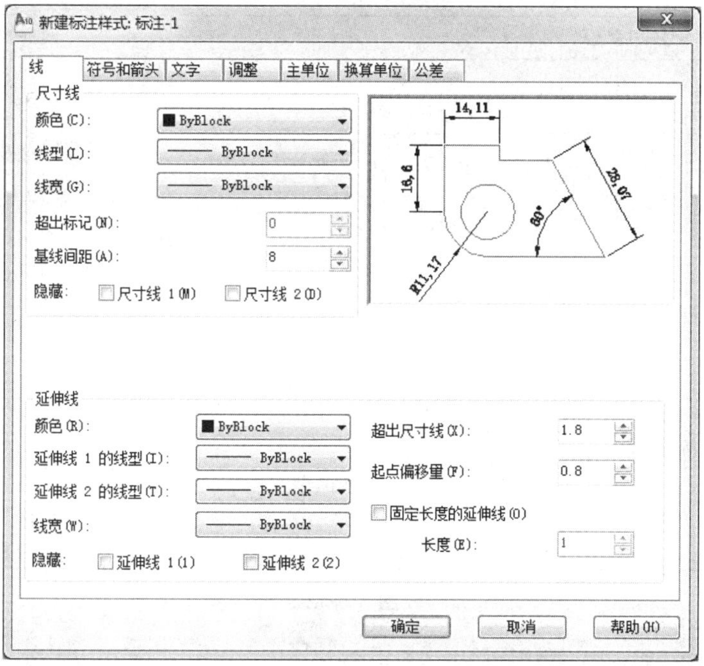

图3-3-10

（6）在“主单位”选项卡中，把单位格式、精度和小数分隔符按照图3-3-11所示的参数进行设置。

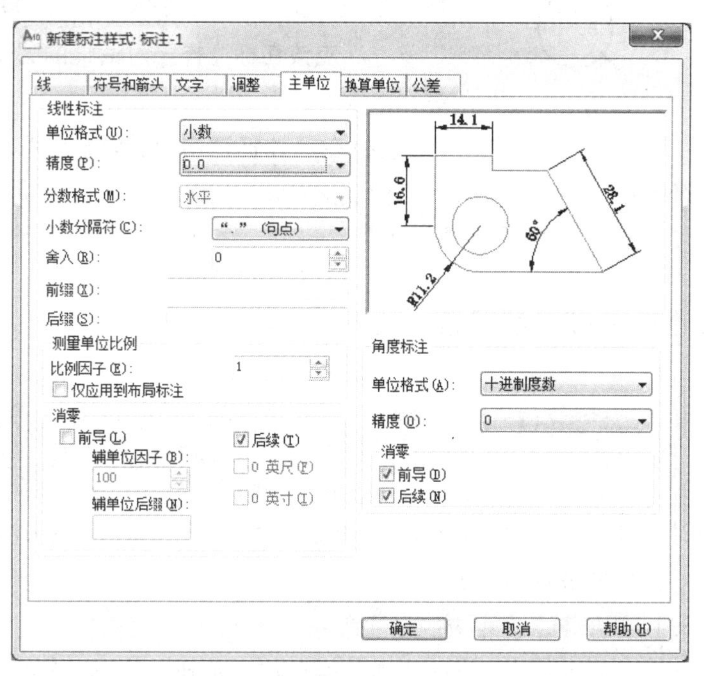


图3-3-11

（7）完成上述设置后，单击“确定”按钮，就得到一个新的尺寸样式，再单击 置为当前(U) 按钮，使新样式成为当前样式，单击“关闭”按钮退出，完成后的“标注样式管理器”对话框如图 3-3-12 所示。

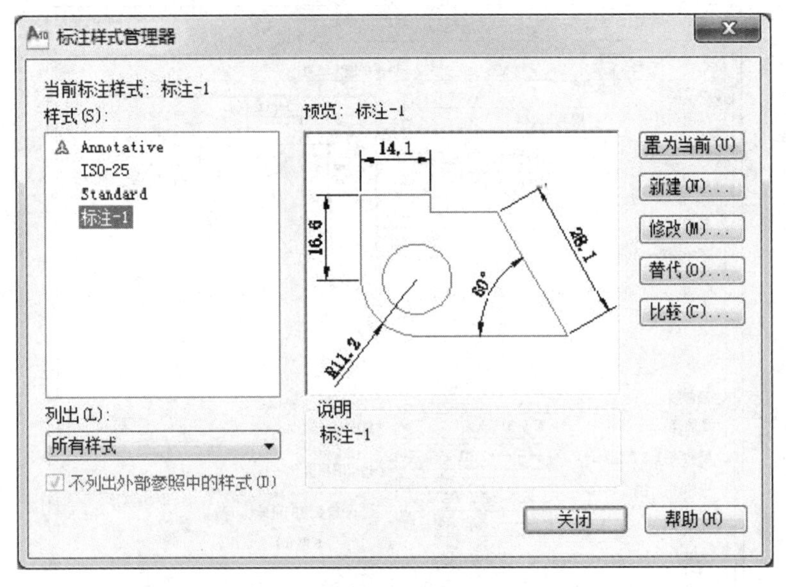


图 3-3-12

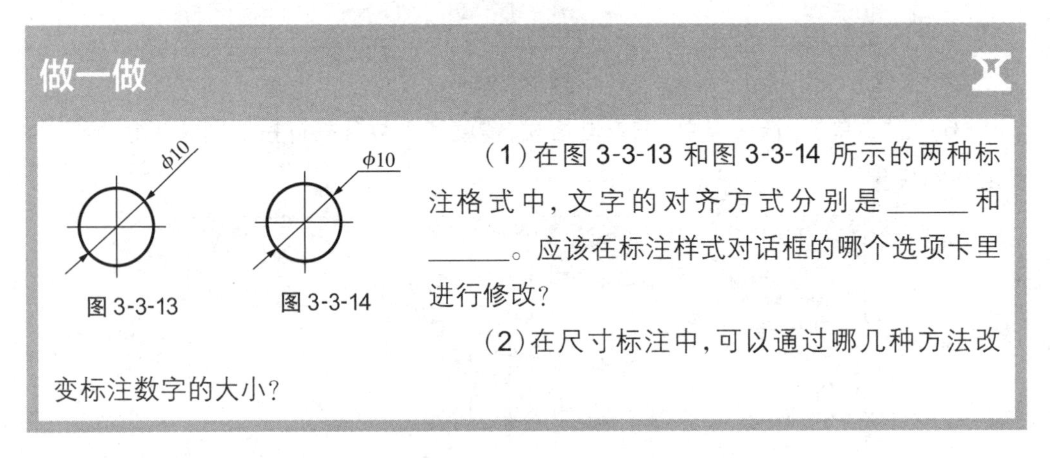

## 做一做



图 3-3-13　　图 3-3-14

（1）在图 3-3-13 和图 3-3-14 所示的两种标注格式中，文字的对齐方式分别是______和______。应该在标注样式对话框的哪个选项卡里进行修改？

（2）在尺寸标注中，可以通过哪几种方法改变标注数字的大小？

## 活动 3　线性标注和半径标注

### 相关知识

线性标注主要用于标注水平、垂直和指定角度的尺寸，半径标注则用于标注圆弧的半径。标注的方法有如下 3 种：

①在“标注”菜单下单击相应的标注命令。

②在命令行中输入 Dimlinear（线性标注）或 Dimradius（半径标注）。

③在标注工具栏上单击线性标注按钮或半径标注按钮。

（1）对图形进行线性尺寸标注。

①在绘图工具栏上单击鼠标右键，调出标注工具栏，然后打开对象捕捉，设置对象捕捉方式为端点和交点。

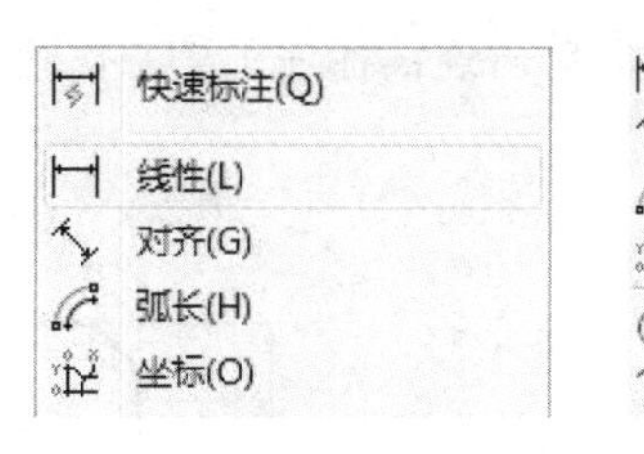


图 3-3-15

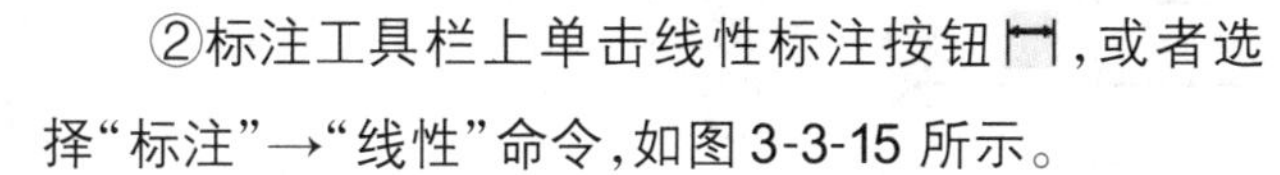

②标注工具栏上单击线性标注按钮，或者选择“标注”→“线性”命令，如图 3-3-15 所示。

③单击线性标注后，参照如下命令行操作：

```
命令：_dimlinear
指定第一条延伸线原点或<选择对象>：          //单击 A 点
指定第二条延伸线原点：                      //单击 B 点
```

完成标注，结果如图 3-3-16 所示。

④继续利用线性标注，完成图形外轮廓的主要尺寸标注。结果如图 3-3-17 所示。

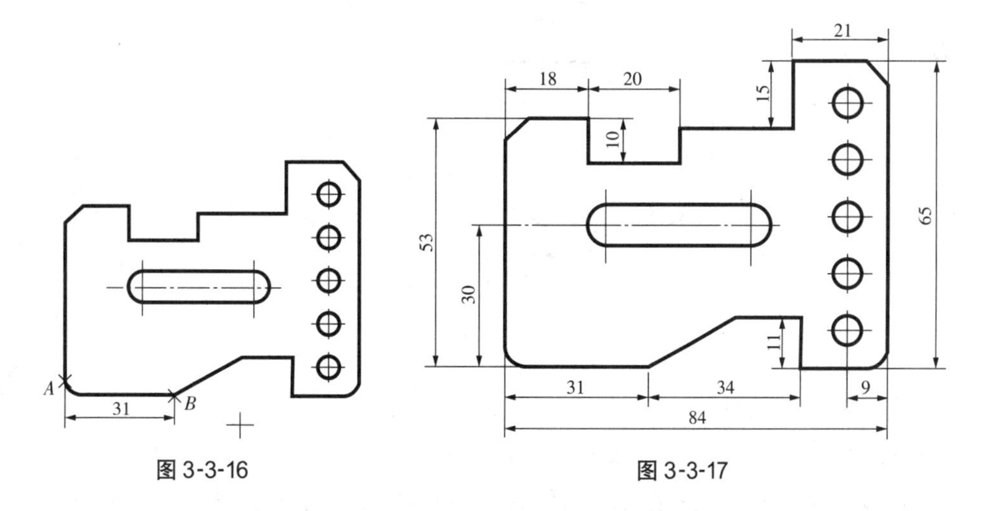


图 3-3-16　　图 3-3-17

## 知识窗

线性标注一般用于标注水平尺寸、垂直尺寸和旋转尺寸等长度型尺寸；若要标注与倾斜直线平行的尺寸，则单击“对齐标注”工具，效果如图 3-3-18 所示。

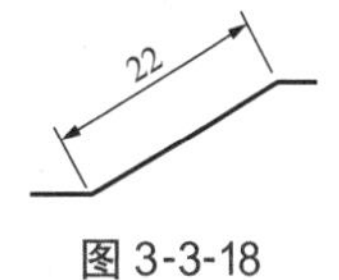


图 3-3-18

（2）对内部孔、槽尺寸进行连续标注。

①利用线性标注的方法，对下端第一个孔的圆心尺寸 8 进行线性标注，结果如图 3-3-19 所示。

②单击连续标注工具 ，参照如下命令行操作：

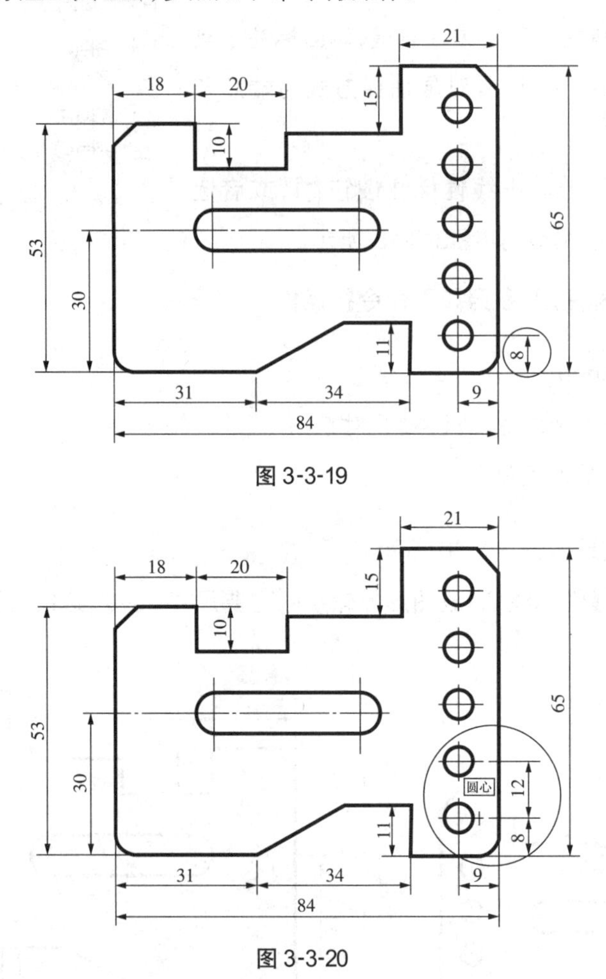


图 3-3-19

图 3-3-20

```
命令：_dimcontinue
指定第二条延伸线原点或[放弃(U)/选择(S)]<选择>：//单击下端第 2 个孔的中心
指定第三条延伸线原点或[放弃(U)/选择(S)]<选择>：//单击下端第 3 个孔的中心
```

依次连续单击各个圆心作为延伸线原点，如图 3-3-20 和图 3-3-21 所示。

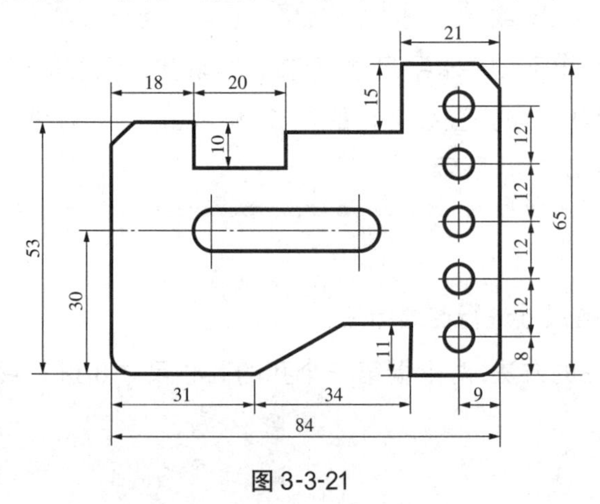


图 3-3-21

③利用连续标注工具，对长腰孔进行标注，结果如图 3-3-22 所示。

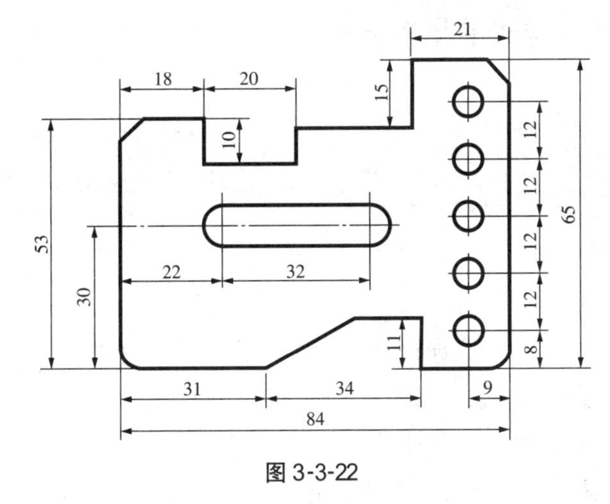


图 3-3-22

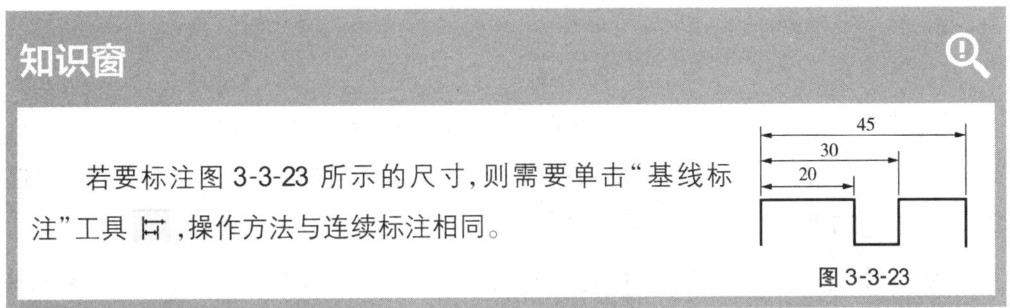

## 知识窗

若要标注图 3-3-23 所示的尺寸，则需要单击“基线标注”工具 ，操作方法与连续标注相同。



图 3-3-23

(3)对圆弧进行半径标注。单击“半径标注”按钮 ，参照如下命令行操作：

```
命令:_dimradius
选择圆弧或圆:                                      //单击圆弧 R5
```

拉出尺寸线，单击左键以确定尺寸线的位置，结果如图 3-3-24 所示。

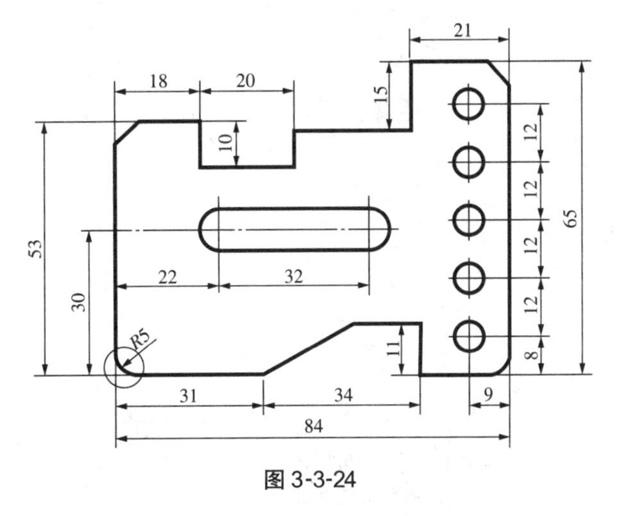


图 3-3-24

## 活动4　建立尺寸样式的覆盖方式

### 相关知识

如果需要对相关的尺寸标注类型进行修改，可以启动尺寸标注样式管理器，根据具体情况利用以下两种方法建立尺寸样式的覆盖方式。

- 修改方式：打开“标注样式管理器”对话框，单击 修改(M)... 按钮，然后进入对话框对各相应选项进行修改。修改样式后，将影响前面的标注。
- 替代方式：打开“标注样式管理器”对话框，单击 替代(O)... 按钮，然后进入对话框对各相应的选项进行修改。替代样式后，不会影响前面的标注。

（1）单击 按钮，打开“标注样式管理器”对话框，单击 替代(O)... 按钮，打开“替代当前样式：ISO-25”对话框，单击“文字”选项卡，在“文字对齐”选择框中选择“水平”选项，如图 3-3-25 所示。然后单击“确定”按钮。

（2）单击“标注样式管理器”中的 ISO-25 样式，然后单击 置为当前(U) 按钮，如图 3-3-26 所示。最后单击“关闭”按钮。

（3）单击“半径标注”工具 ，选择长腰槽的圆弧，单击左键确定尺寸位置，结果如图 3-3-27 所示。

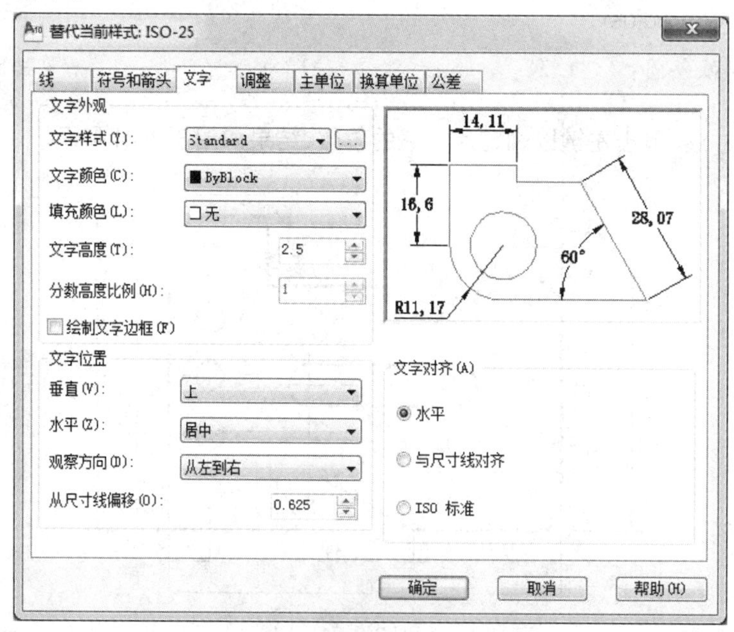


图 3-3-25

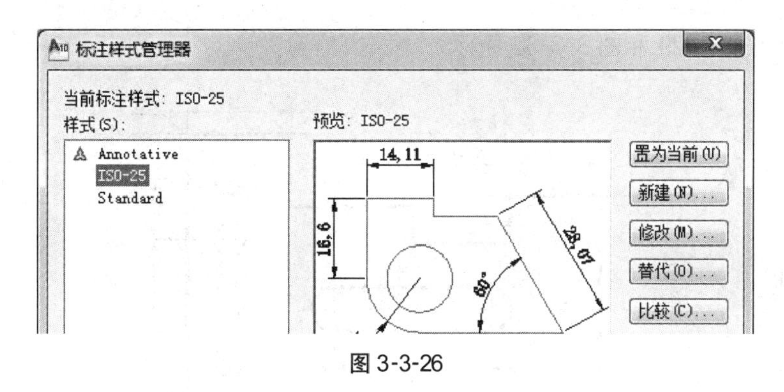


图 3-3-26

（4）单击“直径标注”按钮 ，选择圆形孔，单击左键确定尺寸位置，结果如图 3-3-28 所示。

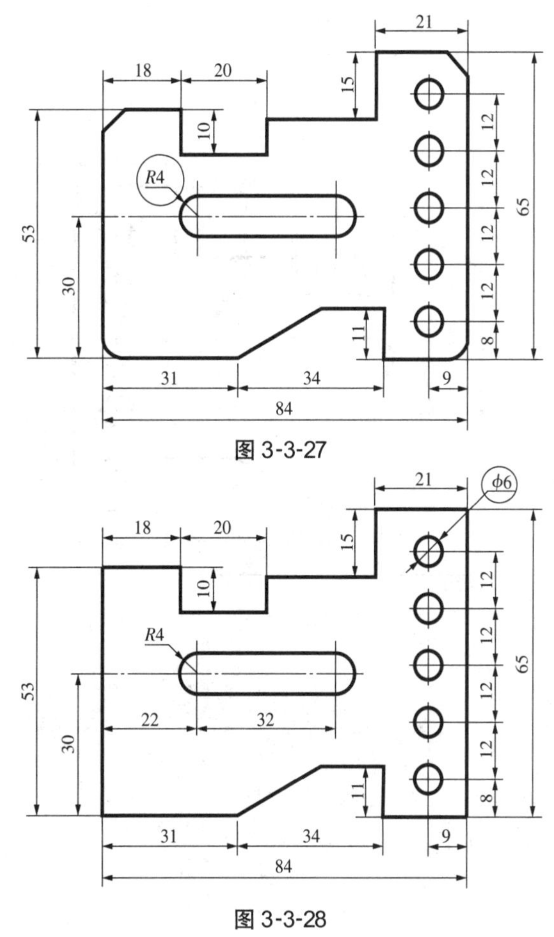


图 3-3-27

图 3-3-28

（5）单击“角度标注”按钮 ，参照如下命令行操作：

命令：_dimangular
圆弧、圆、直线或<指定顶点>：　　//选择直线 A
选择第二条直线：　　//选择直线 B
指定标注弧线位置或[多行文字(M)/文字(T)/角度(A)/象限点(Q)]：
　　//单击左键确定尺寸线位置

结果如图 3-3-29 和图 3-3-30 所示。

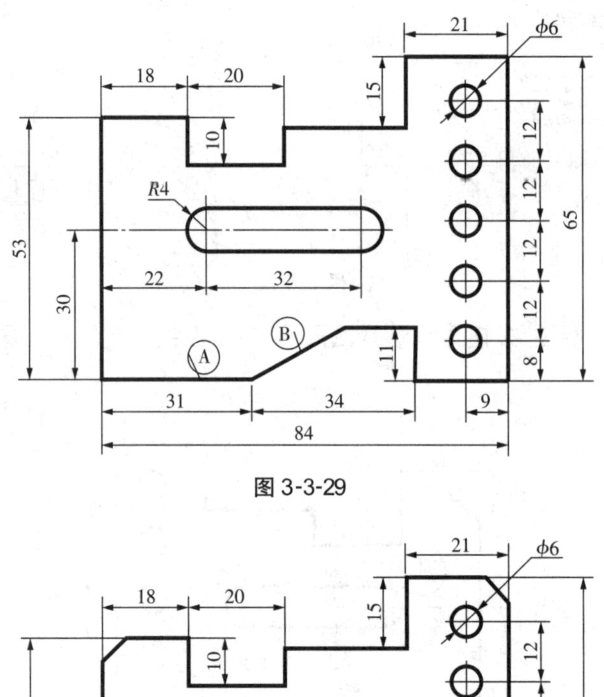


图 3-3-29

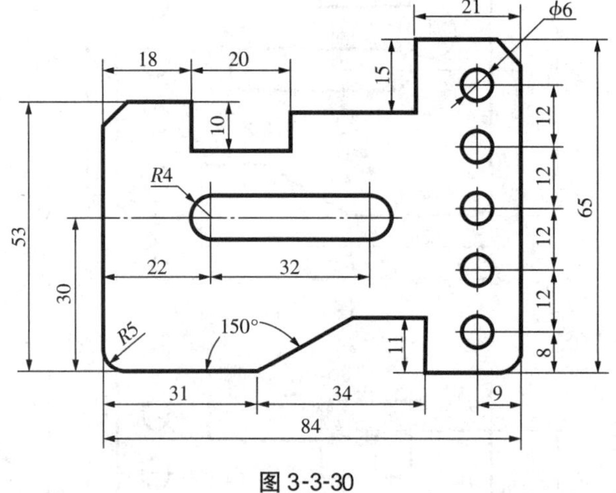


图 3-3-30

## 做一做

若要把一文字对齐方式为“与尺寸线对齐”的标注修改为“水平”标注，可以通过“尺寸样式管理器”中的什么选项来修改?

## 活动 5　倒角标注

（1）在命令行中输入 Qleader（创建引线和引线注释）按“Enter”键，输入 s 并按“Enter”键。

（2）在弹出“引线设置”对话框中，如图 3-3-31 所示。单击“注释”选项卡，把注释类型设置为“多行文字”。

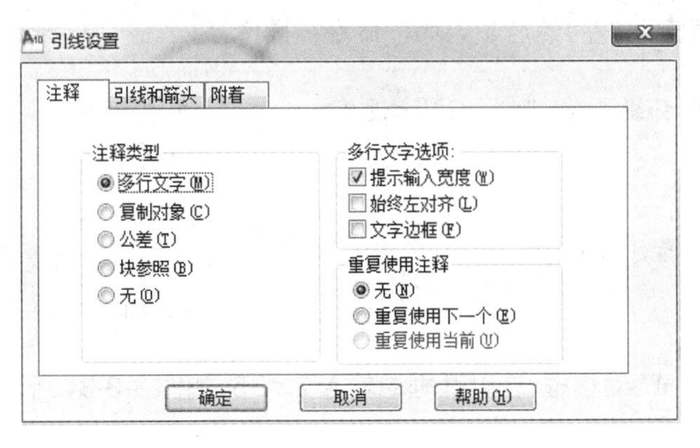


图 3-3-31

## 友情提示

如果把注释类型设置为公差，则可以进行形位公差的标注。

（3）单击“引线和箭头”选项卡，引线设置为“直线”，箭头设置为“无”，如图 3-3-32 所示。

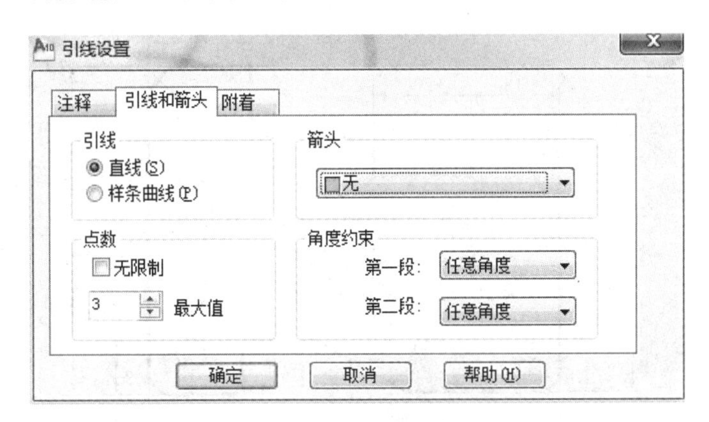


图 3-3-32

（4）单击“附着”选项卡，勾选“最后一行加下划线”复选框，图 3-3-33 所示。

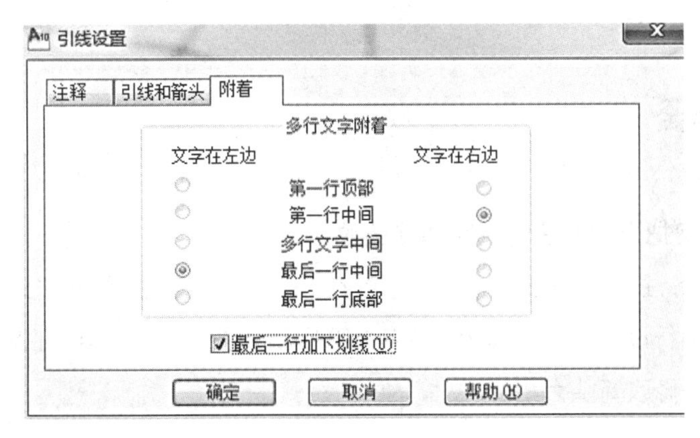


图 3-3-33

(5)单击“确定”按钮,然后参照如下命令行操作:

指定第一个引线点或[设置(S)]<设置>: //单击端点 a

指定下一点: //单击端点 b

指定下一点: //单击端点 c

指定文字宽度<0>:6 //输入文字的宽度为 6,并按两次“Enter”键

弹出“文字格式”对话框,在对话框中输入 2×C5,如图 3-3-34 所示。最后单击“确定”按钮,结果如图 3-3-35 所示。

图 3-3-34

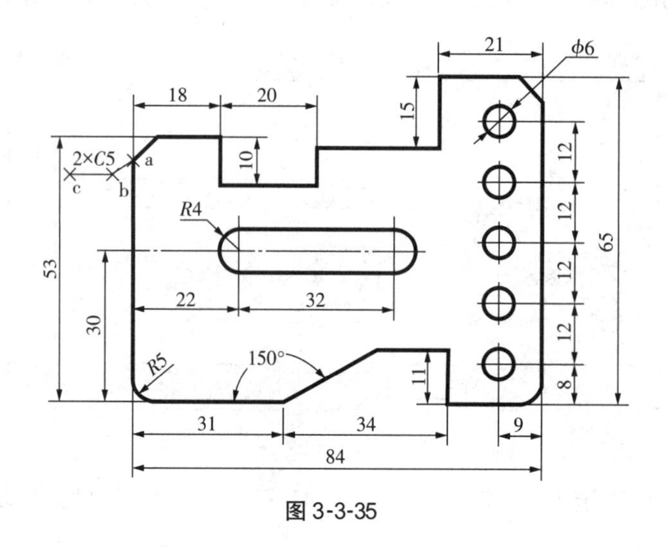


图 3-3-35

## ▶疑难解答

**问题 1:如何把尺寸标注的文字和箭头改大?**

答:在尺寸标注中,如果文字太小,可以在“标注样式管理器”的“文字”选项卡中,对文字的高度进行设置来改变其大小。在“符号和箭头”选项卡中,可以通过改变箭头大小栏的参数来修改箭头大小。

**问题 2:为什么对尺寸标注样式进行了替代处理后,之前的尺寸标注却没有变化?**

答:在尺寸标注中,要对已经标注好的尺寸样式进行修改,则要单击"标注样式管理器"对话框中的 修改(M)... 按钮,然后进入对话框对各相应的选项进行修改。通过 替代(O)... 按钮对各相应的选项进行修改是不会影响前面标注的。

## ▶作业与考核

建立合适的尺寸标注样式,对图 3-3-36 和图 3-3-37 所示的图形进行标注。

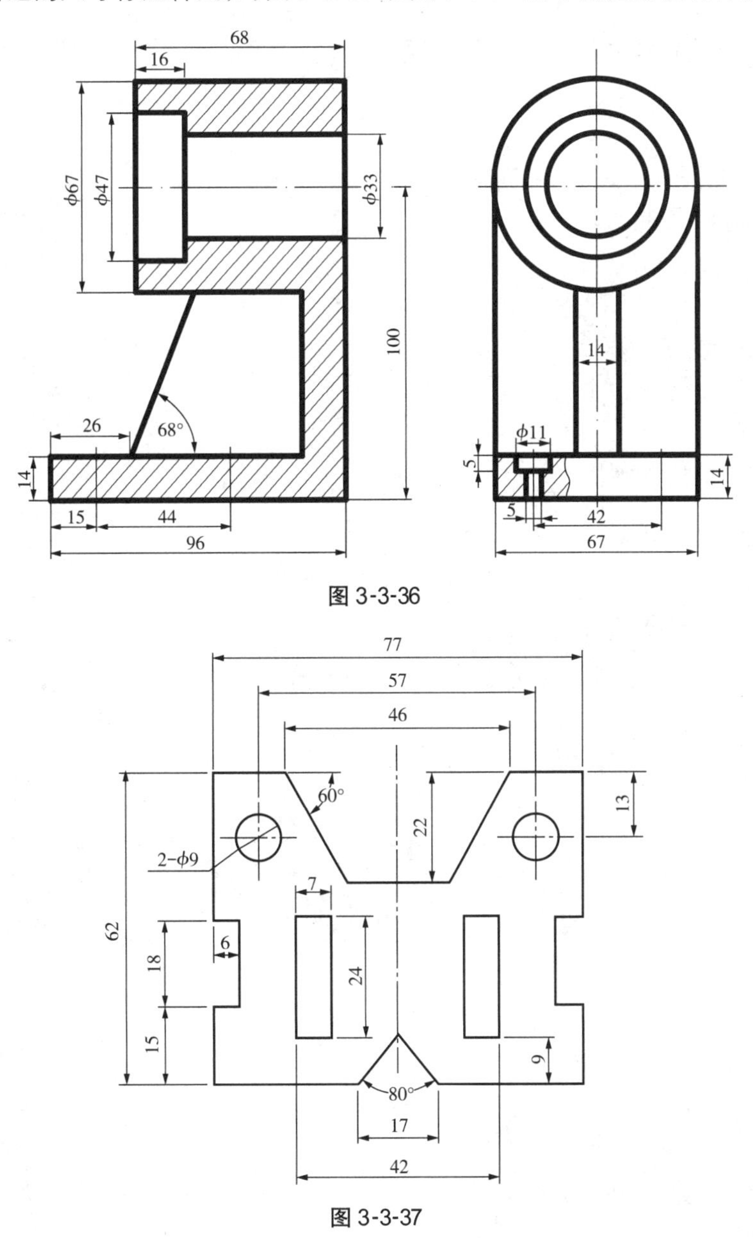


图 3-3-36

图 3-3-37

# 模块四 / 绘制综合图形

轴类零件和齿轮图是机械制图中比较典型的图例，本模块通过学习它们的绘制方法，从而掌握 CAD 在机械制图中的综合运用。

具体任务：

+ 绘制样条曲线
+ 使用图案填充
+ 标注形位公差
+ 创建与插入块
+ 绘制轴类零件
+ 绘制传动齿轮

NO.1

[任务一]

# 绘制轴类零件

在本任务中我们将绘制如图 4-1-1 所示的轴类零件，并在本例中穿插介绍样条曲线的绘制、图案填充命令的使用、形位公差的标注和块命令的创建和插入等操作。

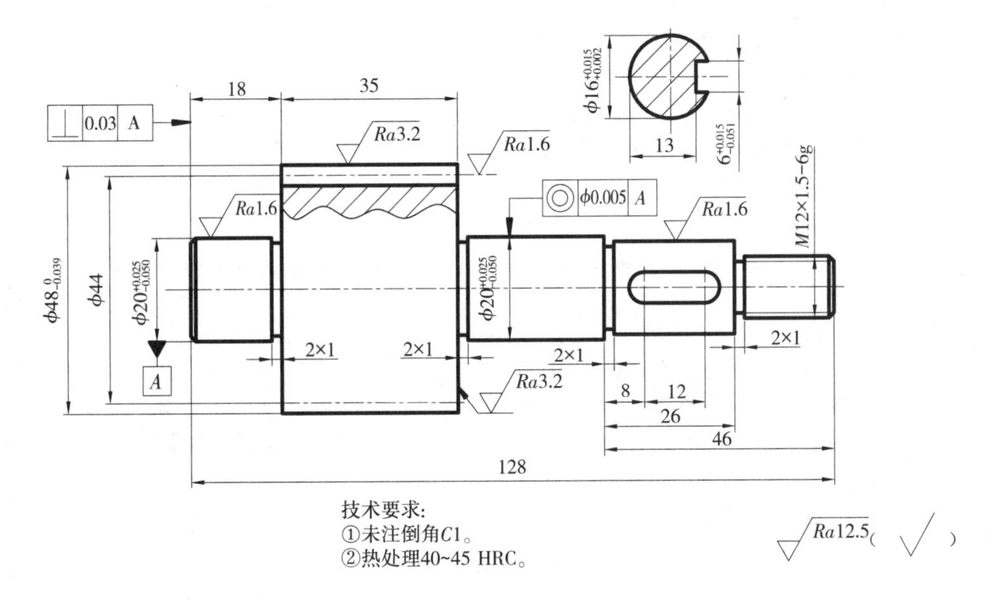


图 4-1-1

## 活动 1　绘制零件外轮廓

（1）按照如图 4-1-2 所示创建新文件。

（2）创建 3 个图层，分别为粗实线、细实线、点画线，颜色分别为白色、蓝色、红色，线型分别为 Continuous、Continuous、ACAD-ISO 04W100，线宽除粗实线的设置为 0. 5 以外，其余设置均为默认，如图 4-1-3 所示。

（3）将点画线图层设置为当前图层，然后在屏幕上绘制一条长度约为 150 的直线，作为轴中心线。

（4）绘制外轮廓。

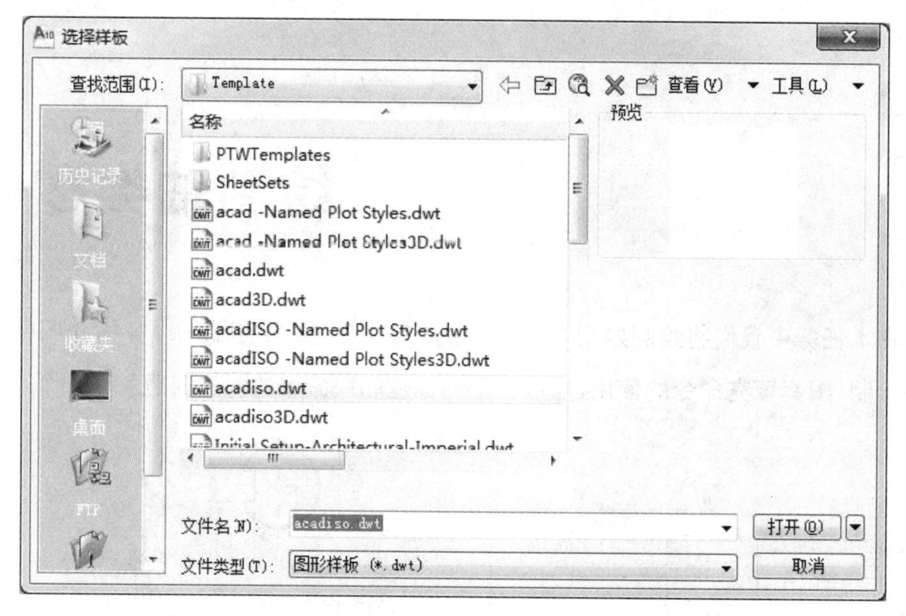


图 4-1-2

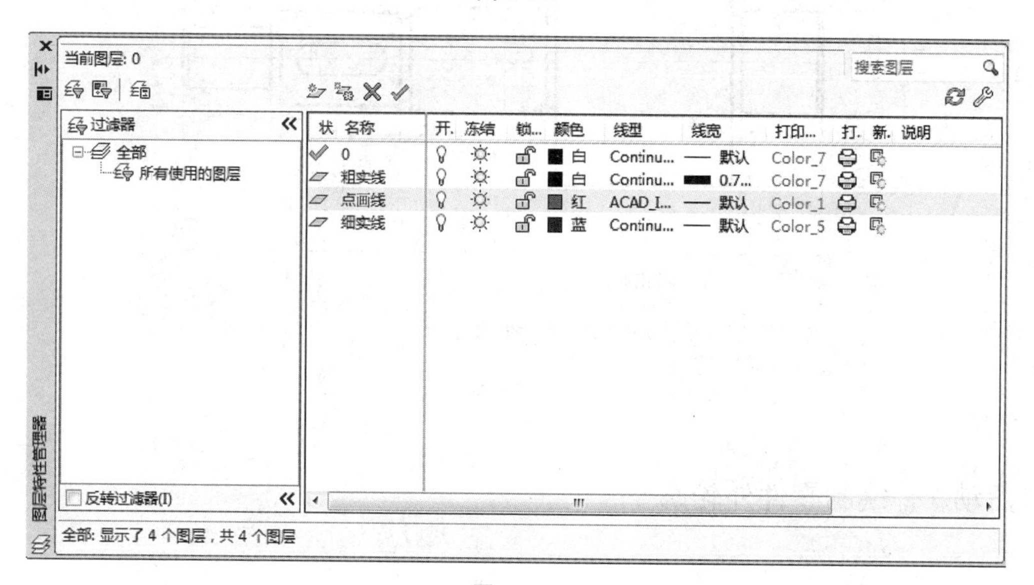


图 4-1-3

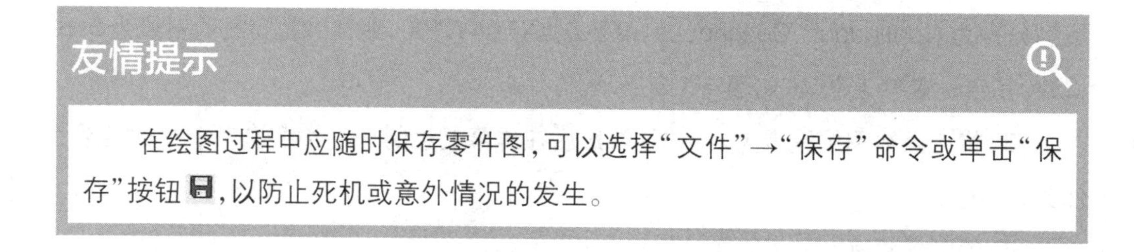
**友情提示**

在绘图过程中应随时保存零件图，可以选择“文件”→“保存”命令或单击“保存”按钮，以防止死机或意外情况的发生。

①根据轴类零件具有上、下对称的原理，所以先画出上部分图，如图 4-1-4 所示。

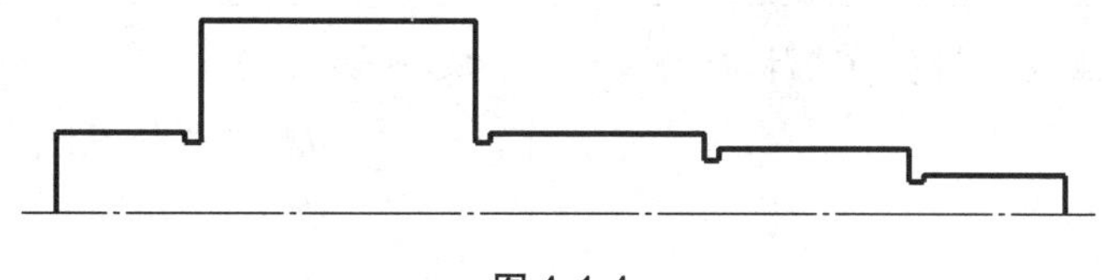

图 4-1-4

②对需要倒角的地方进行倒直角处理,倒角距离为 1,如图 4-1-5 所示。

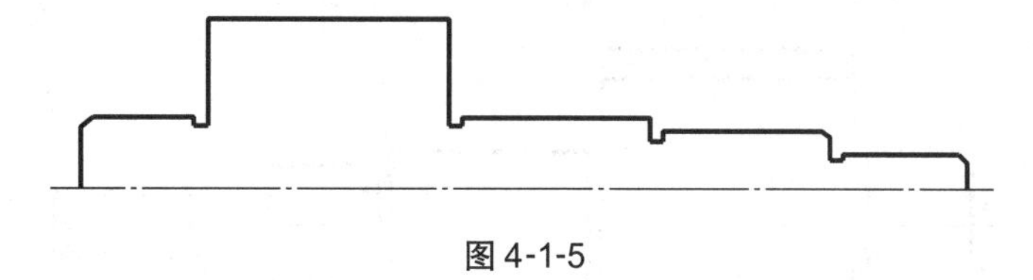

图 4-1-5

③将上一步所画的图形以中心线为准镜像,然后将各端点用直线连接起来,如图 4-1-6 所示。

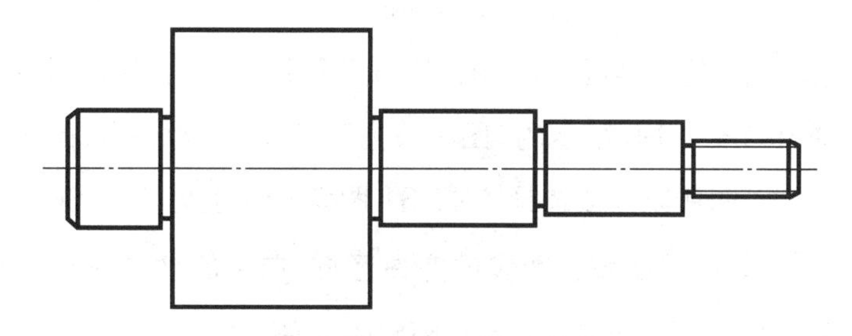

图 4-1-6

④利用"偏移"工具绘制齿轮轴的中径和小径,如图 4-1-7 所示。

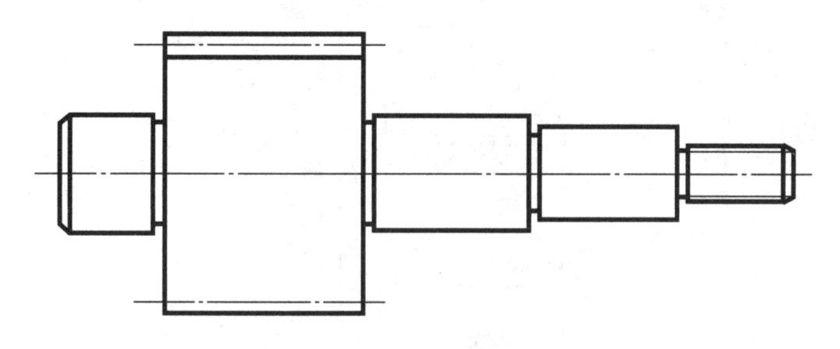

图 4-1-7

⑤绘制样条曲线。选择"绘图"→"样条曲线"命令或单击工具栏中的"样条曲线"工具 ~ ,这时设置对象捕捉模式为"最近点",并关闭正交,然后参照如下命令行操作:

```
命令:_spline
指定第一个点或[对象(O)]:        //在左边直线上单击一下
指定下一点:                      //根据线条的弯曲程度依次单
                                   击鼠标左键
```

指定下一点或［闭合(C)/拟合公差(F)］<起点切向>：

　　　　　　　　　　　　　　　　　//在右边的直线上单击一下

指定起点切向：　　　　　　　　　　//按“Enter”键

指定端点切向：　　　　　　　　　　//按“Enter”键

完成后如图 4-1-8 所示。

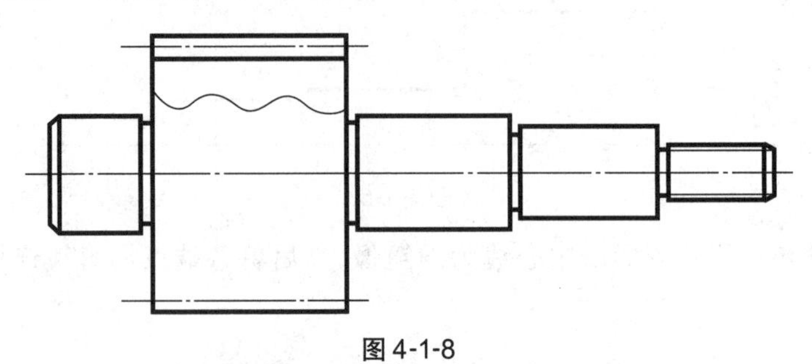

图 4-1-8

⑥进行图案填充。选择“绘图”→“图案填充”命令或单击绘图工具栏中的“图案填充”工具 ，弹出如图 4-1-9 所示的“图案填充和渐变色”对话框，图案选择为 ANSI 31（因为轴是金属材料，所以应该选择 ANSI31 图案），角度为 0，比例为 1。然后单击“拾取点”按钮 ，单击需要填充图案的空白区域，选中的地方将成虚线状，然后按“Enter”键，再单击“确定”按钮就可以完成图案的填充，如图 4-1-10 所示。

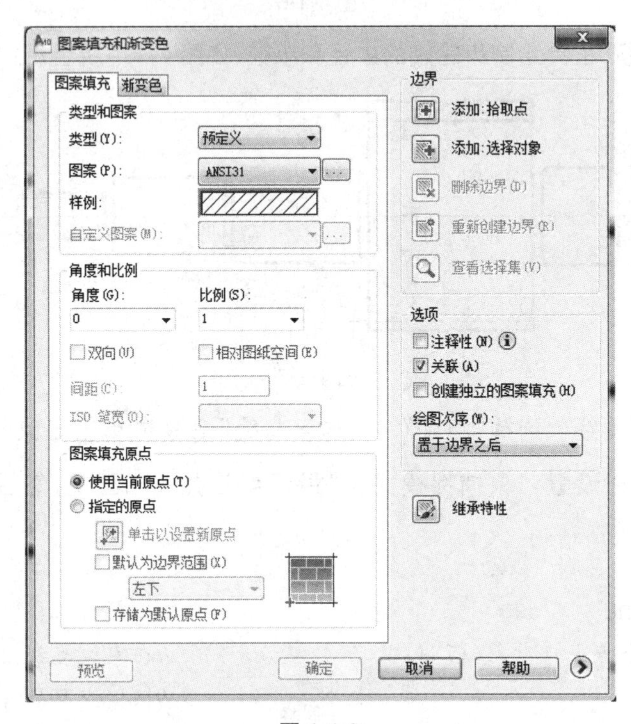


图 4-1-9

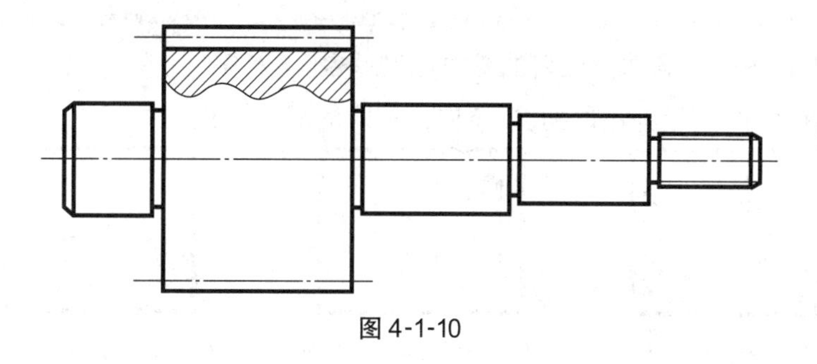

图 4-1-10

## 知识窗

(1)“图案填充”选项卡。

在图 4-1-9 中,“图案填充”选项卡可以快速地创建图案填充,各选项的含义如下:

- 类型(Y):用于设置填充图案的类型。
- 图案(P):用于设置填充的图案,单击“浏览”按钮 ... ,系统将弹出“填充图案选项板”对话框,如图 4-1-11 所示,根据材料的不同选择需要的图案。

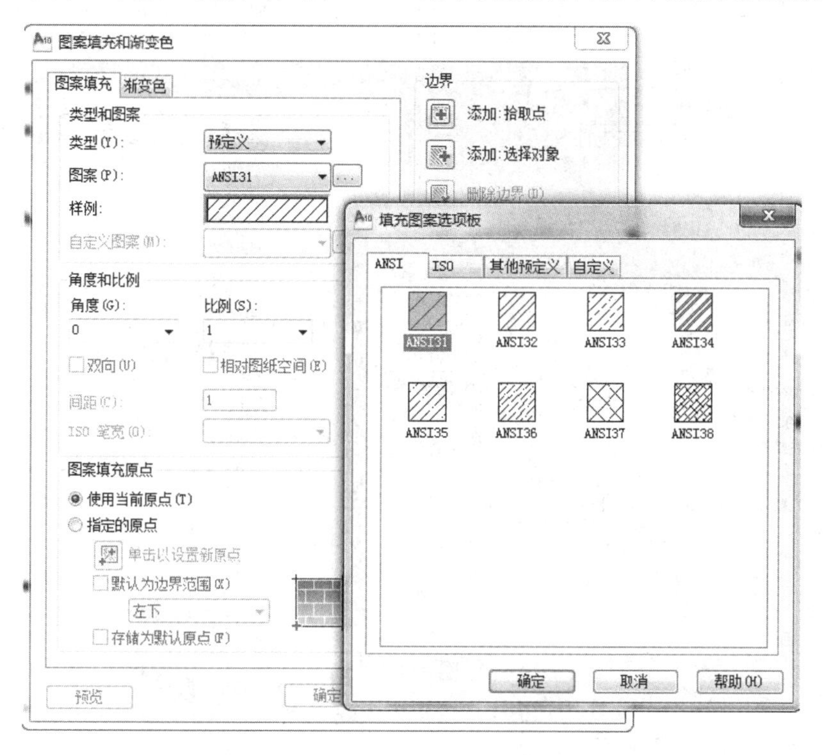


图 4-1-11

- 角度(G):设置填充图案的线条与当前坐标 X 轴的夹角。

- 比例(S):设置填充图案的缩放比例系数。

如图 4-1-12 所示为不同角度、不同比例时的图案填充效果。

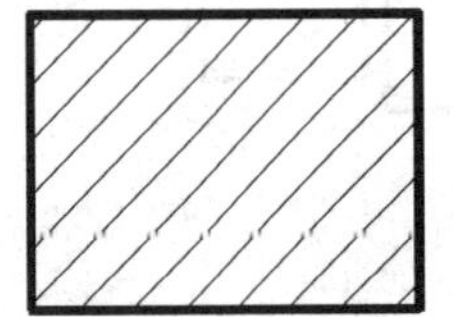

(a)角度为0°比例为1

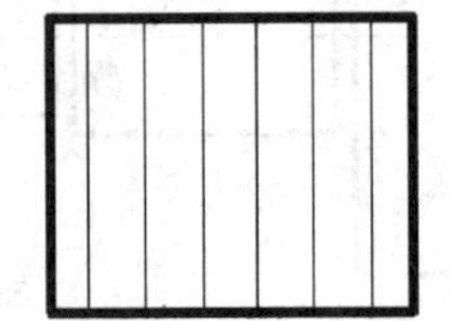

(b)角度为45°比例为1.5

(c)角度为120°比例为2

图 4-1-12

在如图 4-1-11 所示的“图案填充和渐变色”选项卡的右下角有一箭头,点开如图 4-1-13 所示,可以进一步设置填充边界的填充方式。各选项的含义如下:

- 孤岛检测(L):设置孤岛填充方式,包括普通、外部和忽略 3 种方式。
- 对象类型:设置是否将填充的边界以对象的形式保留以及保留类型。
- 边界集:定义填充边界的对象集,即 AutoCAD 将根据哪些对象来确定填充的边界。
- 继承选项:设置继承方式,分为使用当前原点和使用源图案填充的原点。

图 4-1-13

(2)“渐变色”选项卡。

在如图 4-1-14 所示的“图案填充和渐变色”对话框中的“渐变色”选项卡中,可以设置使用一种或两种颜色形成的渐变色来填充图形。具体各选项的含义如下:

- “单色”按钮:用一种颜色产生的渐变色来填充图形,单击“浏览”按钮 ⋯ ,弹出“选择颜色”对话框,如图 4-1-15 所示,在该对话框中选择需要的颜色。
- “双色”按钮:用两种颜色产生的渐变色来进行图案填充。
- “居中”按钮:设置渐变由中间向四周渐变。
- “角度”:设置渐变色渐变方向。

在 AutoCAD 中,尽管可以使用渐变色来填充图形,但渐变色最多只能由两种颜色组成。

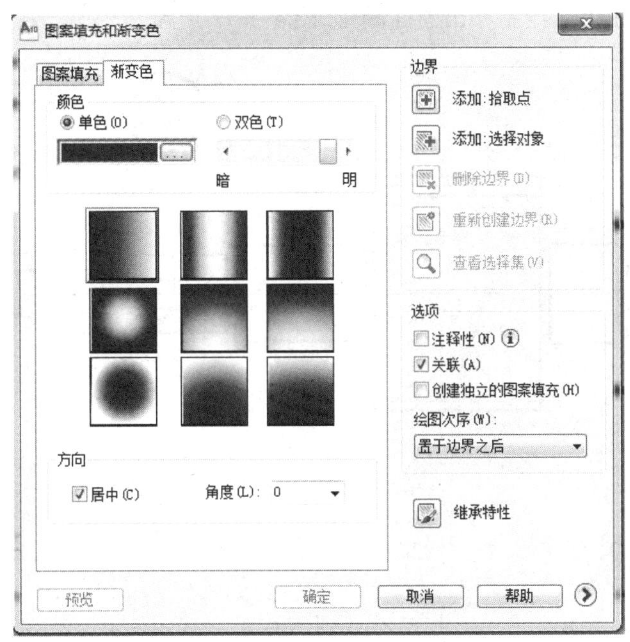


图 4-1-14

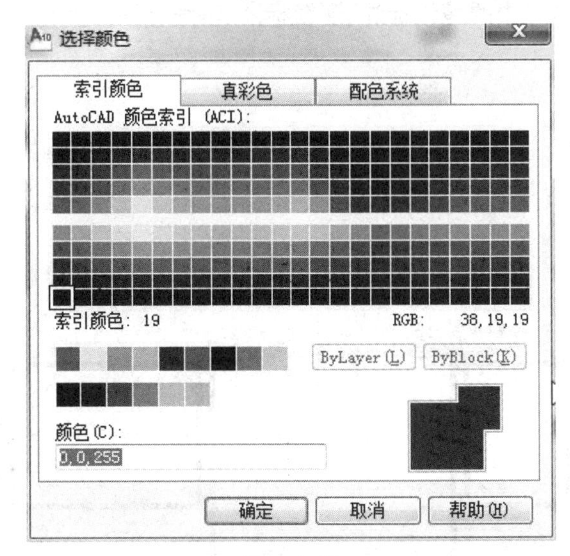


图 4-1-15

⑦绘制如图 4-1-16 所示的键槽。

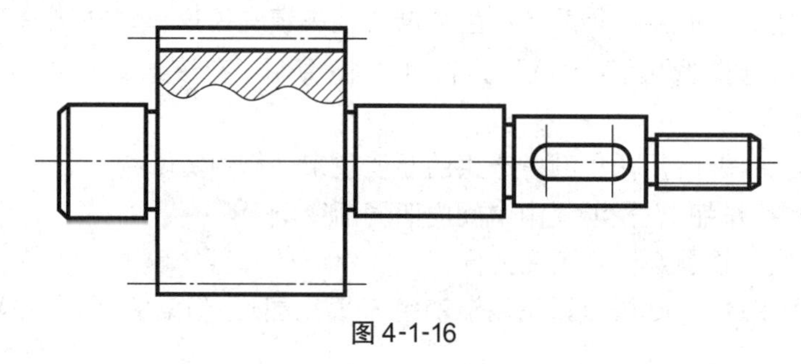

图 4-1-16

⑧在键槽的正上方绘制移出断面图，如图 4-1-17 所示。

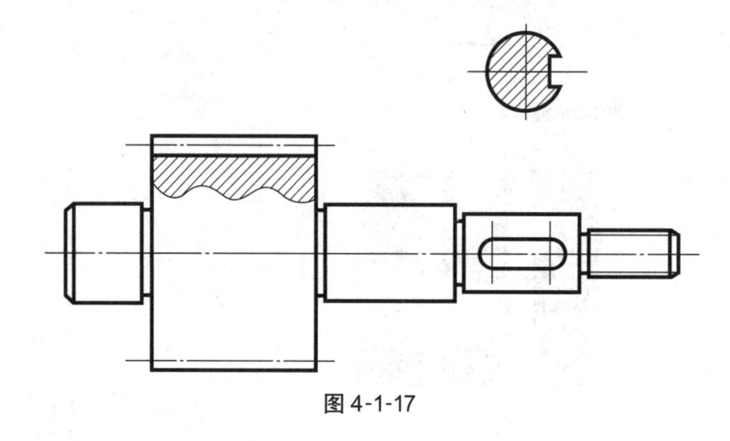

图 4-1-17

## 活动 2　标注尺寸

(1)标注基本尺寸。

①利用标注工具栏中的线性标注、连续标注、基线标注工具标注出一般水平线。

②标注 $\phi 20^{+0.025}_{-0.050}$。

- 单击“线性标注”工具 ，依次单击要标注图形的两个端点，在命令行中输入字母 m，弹出如图 4-1-18 所示的对话框。

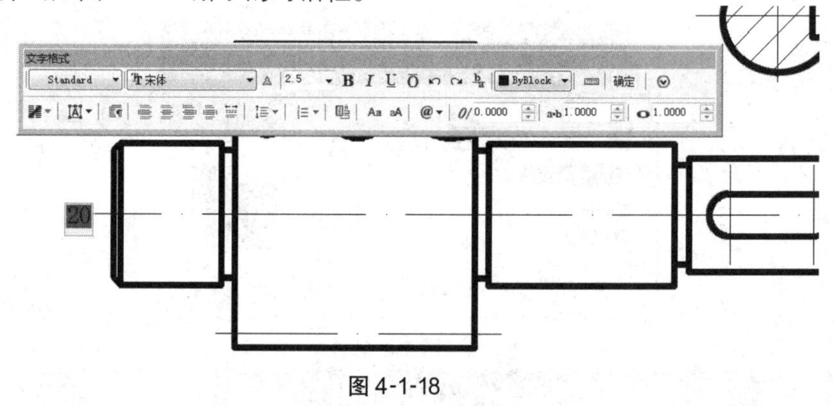


图 4-1-18

- 将光标移到数字 20 的前面，单击鼠标右键，在弹出的快捷菜单中选择“符号”→“直径”命令或者直接输入%%c，弹出如图 4-1-19 所示的对话框。

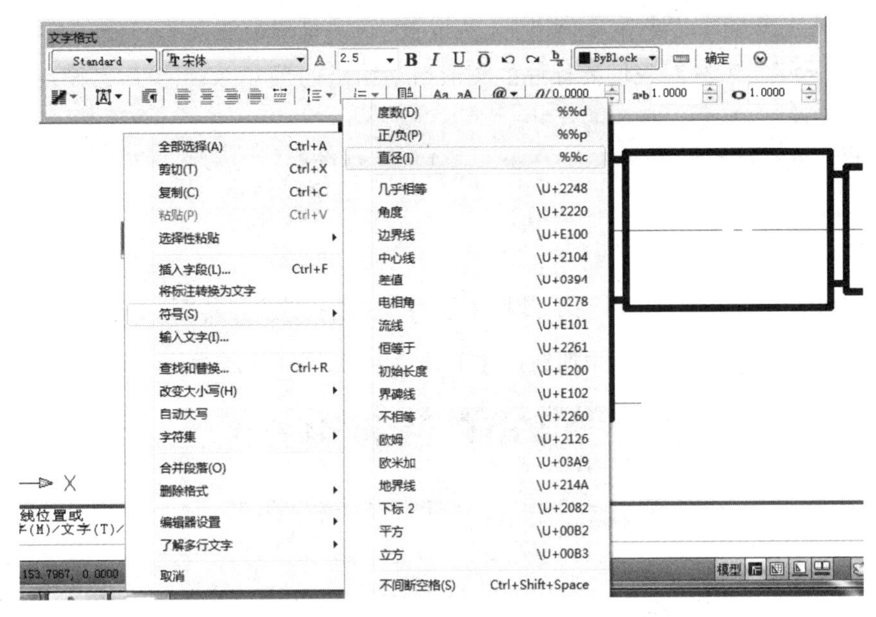


图 4-1-19

- 再将鼠标移动到数字 20 的后面，先输入上偏差+0.025，按“Shift+6”快捷键输入“^”后，再输入下偏差-0.050。然后选中上偏差到下偏差，单击上方的“a/b”按钮，最后单击“确定”按钮即可，操作过程如图 4-1-20 所示。

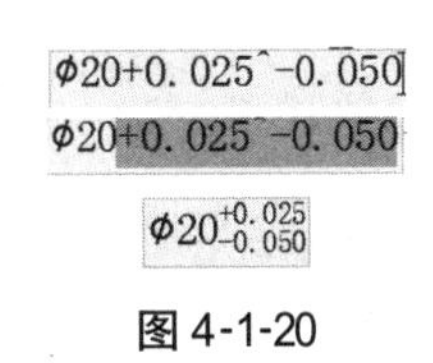


图 4-1-20

③对于 2×1 也是一样的输入方法，在 4-1-18 所示的对话框中将光标移到括弧数字的后面，输入×1 即可。用同样的方法可以标注出其他尺寸，完成后如图 4-1-21 所示。

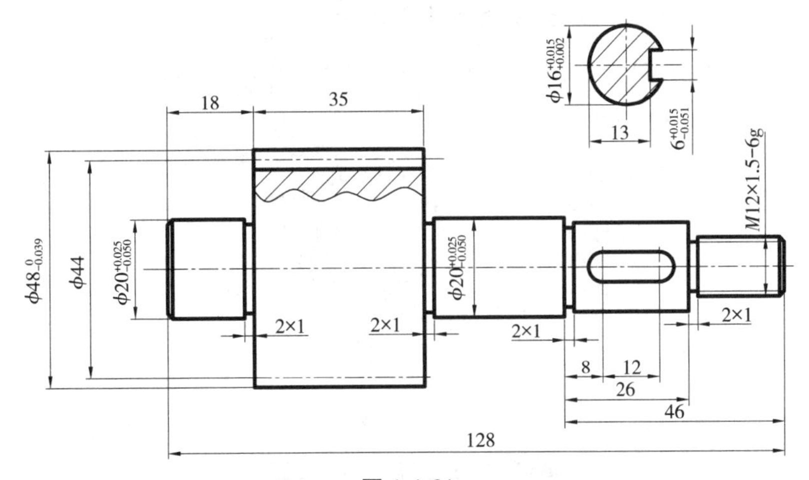


图 4-1-21

## 友情提示

在标注尺寸时，常常需要调出“文字设置”对话框对标注文字进行设置。对话框里的“<>”是系统对我们要标注的图形自动给出的尺寸，如果要自己设定尺寸，可以先删除，然后输入想要的尺寸。

（2）标注形位公差。

在 AutoCAD 2010 中，标注工具栏中没有“快速引线”工具，需要在工具栏中“自定义”将“快速引线”工具添加到标注工具栏中，如图 4-1-22 所示。

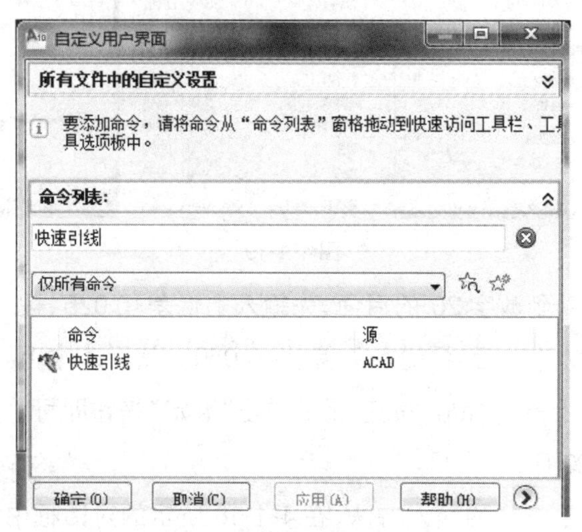


图 4-1-22

①单击标注工具栏的“快速引线”按钮，在命令行中输入 s，弹出“引线设置”对话框，将“注释类型”选择为公差，如图 4-1-23 所示。

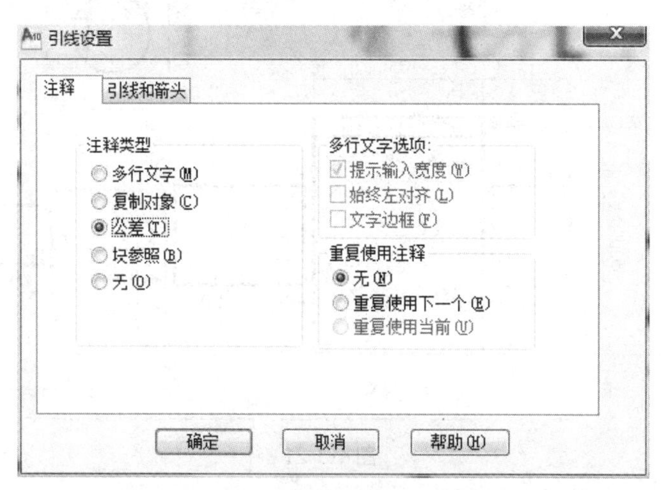


图 4-1-23

②单击“引线和箭头”选项卡，如图4-1-24所示。将第一段和第二段的“角度约束”分别设置为“90°”和“水平”，单击“确定”按钮并返回绘图窗口。

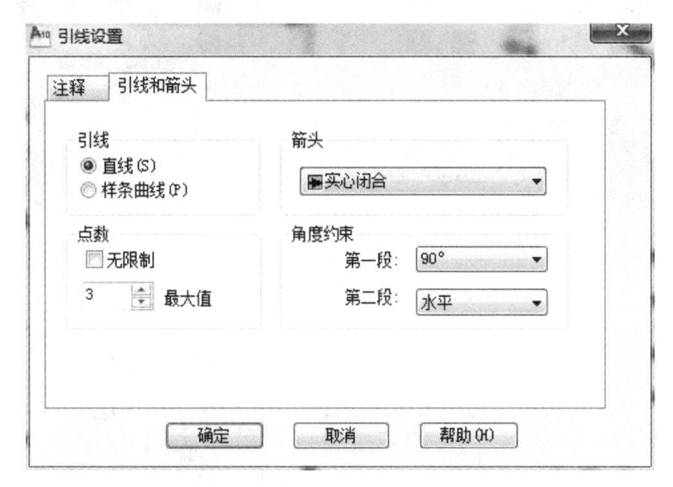


图4-1-24

③根据引线的走向在合适的位置单击鼠标画出直角引线，绘制完成时会出现“形位公差”对话框，如图4-1-25所示。

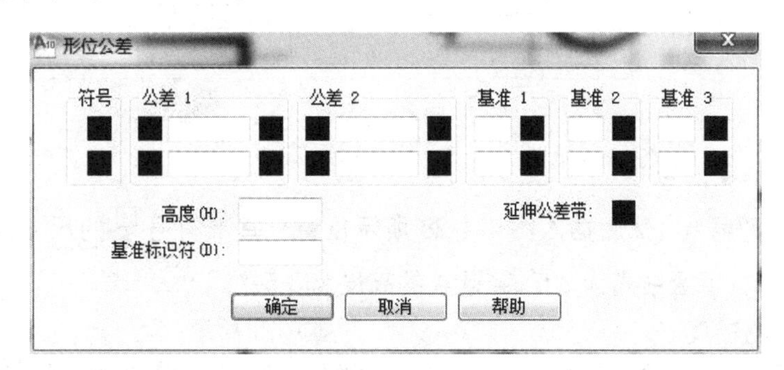


图4-1-25

④在“符号”选项区单击第1个■块，弹出“特征符号”对话框，如图4-1-26所示。根据情况选择需要的公差符号，这里选择同心度◎。

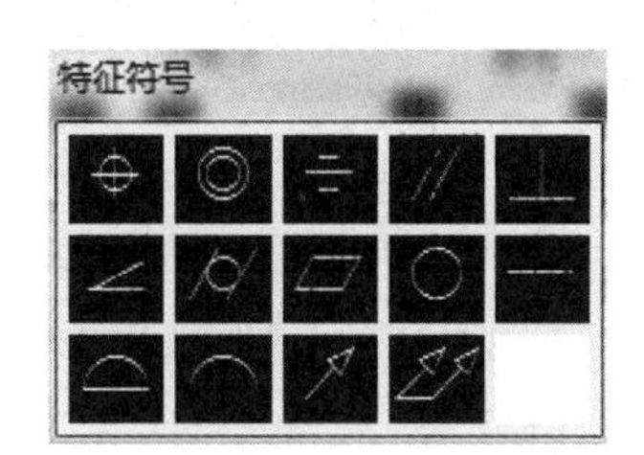


图4-1-26

⑤单击“公差1”选项区中前一个■块，使它出现直径符号 $\phi$，然后在后面的数字部分输入数值0.005，然后在“基准1”的数值输入框里输入A，如图4-1-27所示。最后单击“确定”按钮，同心度形位公差◎|Ø0.005|A就标注好了。

⑥按照同样的方法标注垂直度形位公差⊥|0.03|A，要注意的是，此时应选择垂直度符号⊥，同时“公差1”下的前一个■没有直径符号，标注好后如图4-1-28所示。

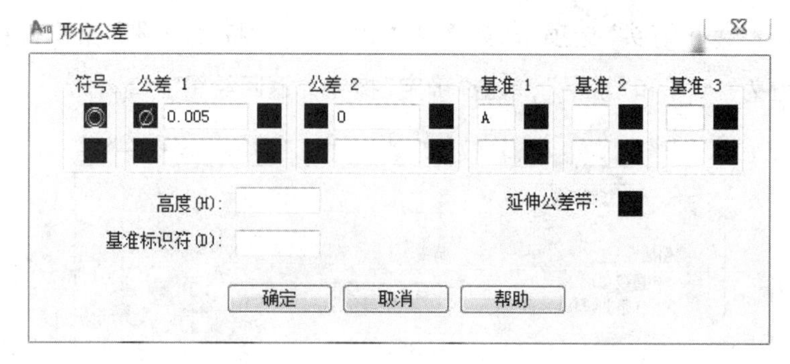


图 4-1-27

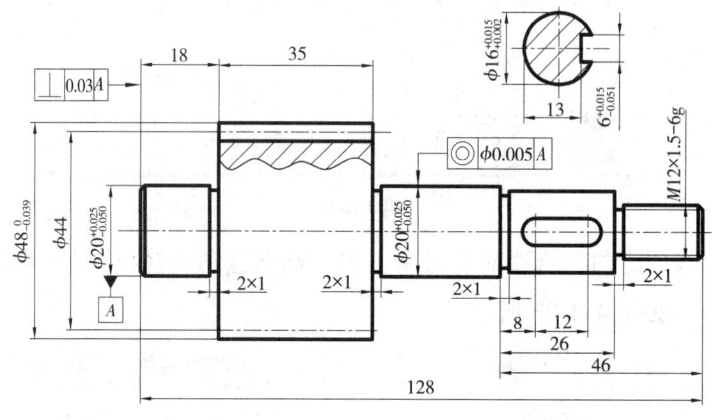


图 4-1-28

（3）标注基准符号。

绘制基准符号 A，然后插入图 4-1-28 所示位置。基准符号 A 的尺寸建议：矩形框高度为 7，矩形框下竖线高为 3.5，字母 A 的高度为 3.5。

（4）标注粗糙度。

## 友情提示

可以将常用的图形或符号绘制好后定义成块，在需要再次输入它们的时候直接插入图形中，这样可以避免重复劳动，提高工作效率。

①绘制一个粗糙度符号 Ra1.6，尺寸建议为：正三角形的边长和延长线为 6，数字高度为 3.5。

②将粗糙度符号定义为块，操作步骤如下：

a.选择“绘图”→“块”→“创建”命令或者单击绘图工具栏中的“创建块”工具，弹出“块定义”对话框，如图 4-1-29 所示。

b.输入名称“粗糙度”，单击“选择对象”按钮，选择对象为 Ra1.6，再单击“拾取点”按钮，单击块的下尖点为基点。

c.单击“确定”按钮,关闭“块定义”对话框。

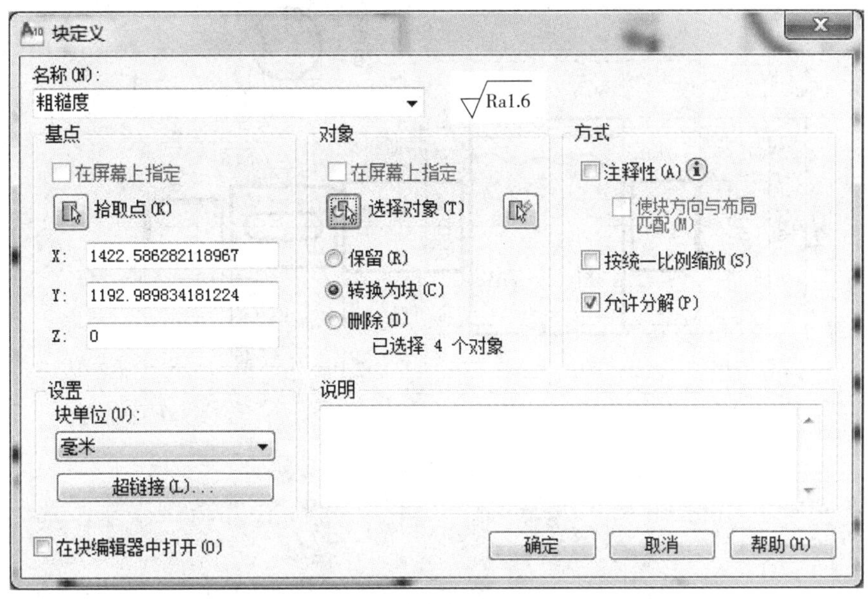


图 4-1-29

③插入块。操作步骤如下:

a.单击绘图工具栏中的“插入块”工具,弹出如图 4-1-30 所示的对话框。

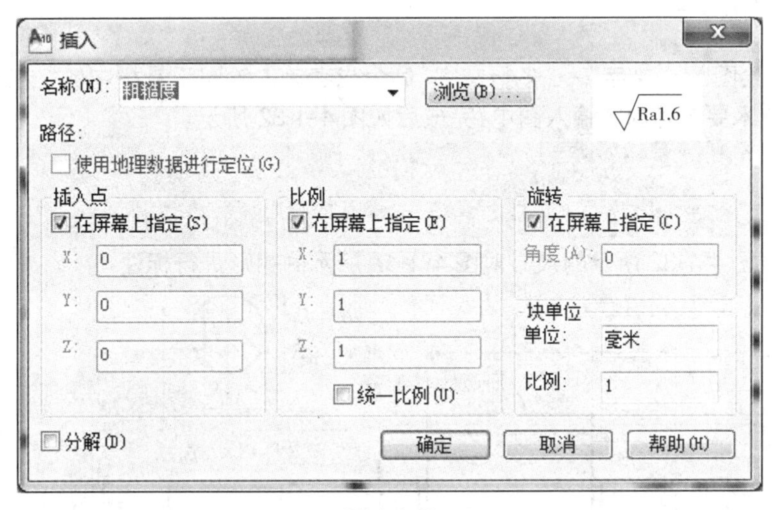


图 4-1-30

b.在名称行输入要插入的块的名称“粗糙度”,或者选择当前图形中已经创建的块,然后在“插入点”选项下勾选“在屏幕上指定”复选框,根据实际需要对“绽放比例”和“旋转”进行设置。然后单击“确定”按钮返回到绘图窗口。

c.在要标注粗糙度的位置处单击鼠标,将图块插入图形中去,并调整好位置和比例。

d.重复插入块命令,将 $\sqrt{Ra1.6}$ 插入所有要标注粗糙度的位置,不管粗糙度数值是否正确。

④修改数值有误的粗糙度符号。单击修改工具栏中的“分解”按钮,再单击要修改数值的粗糙度符号 $\sqrt{Ra1.6}$,将其分解,然后将 1.6 删除,重新输入新的粗糙度值 3.2

或 12.5，这样就完成了块的标注，标注好的图形如图 4-1-31 所示。

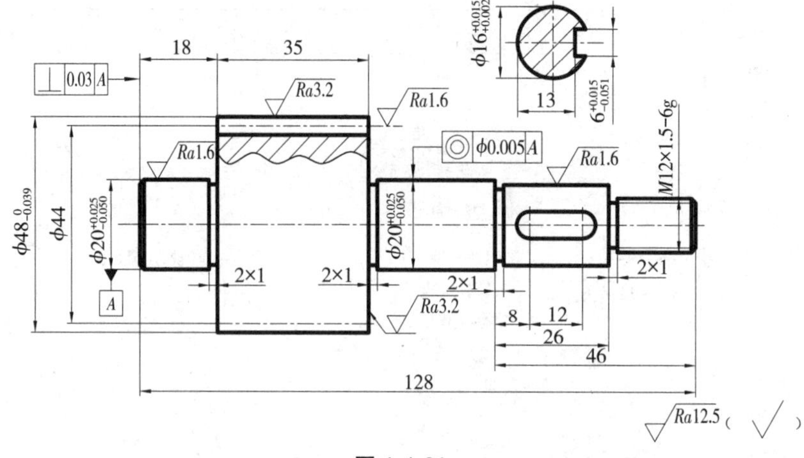


图 4-1-31

## 友情提示

如果在图 4-1-30 所示的块插入对话框中选中了“分解”，则可以直接删除数值进行修改。

## 活动 3　输入文字

选择“绘图”→“文字”→“多行文字”命令或者单击绘图工具栏中的“文字输入”工具 **A**，将技术要求等内容输入图中，完成后如图 4-1-32 所示。

## 做一做

按照图 4-1-32 所示的尺寸对图 4-1-17 所示的图形进行标注。

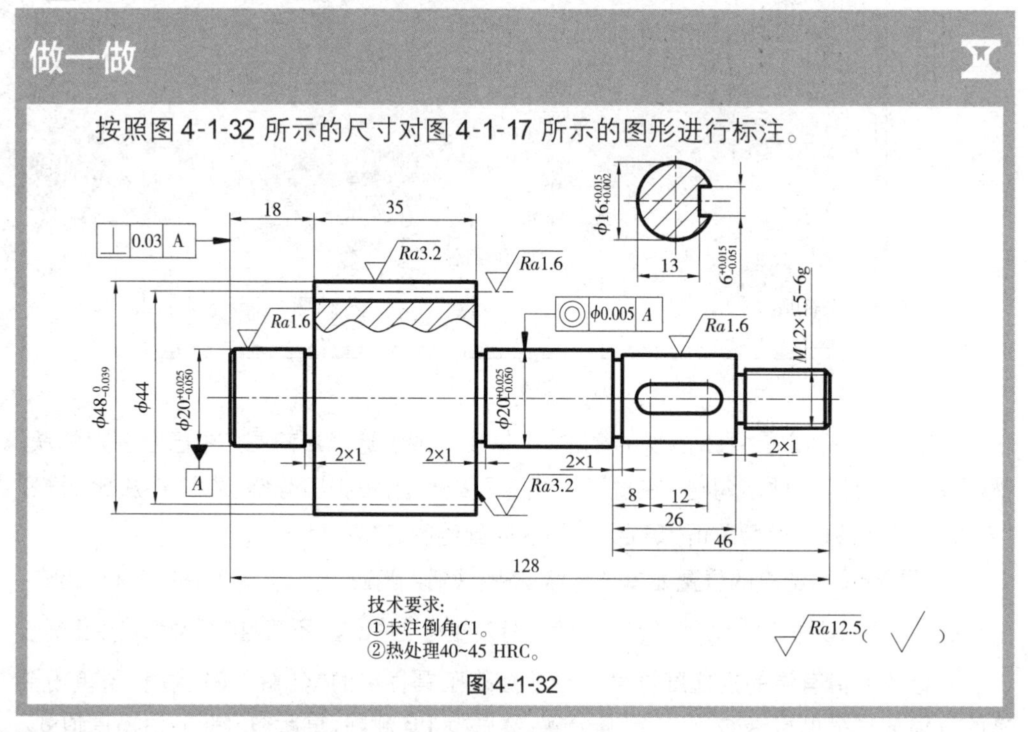


图 4-1-32

## ▶疑难解答

**问题 1:在进行图案填充时,为什么有的地方不能填充?**

答:这是因为在添加拾取点时,图形区域必须是封闭的,不然不能够拾取内部点,从而无法填充。

**问题 2:在进行上、下偏差的标注时,为什么 $\frac{a}{b}$ 是灰色无效的?**

答:在进行上、下偏差的标注时,先输入上偏差,再输入下偏差。一定要注意上、下偏差之间要输入“^”符号,如果没有这个符号,在选择上偏差到下偏差之间的区域时, $\frac{a}{b}$ 是灰色无效的。

## ▶作业与考核

绘制图 4-1-33—图 4-1-35 所示的零件图。

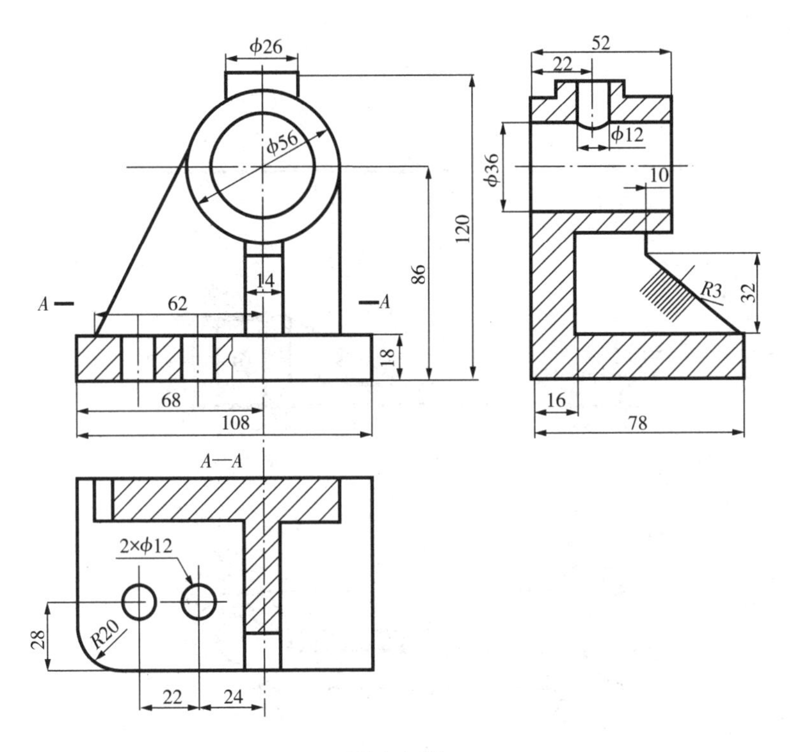


图 4-1-33

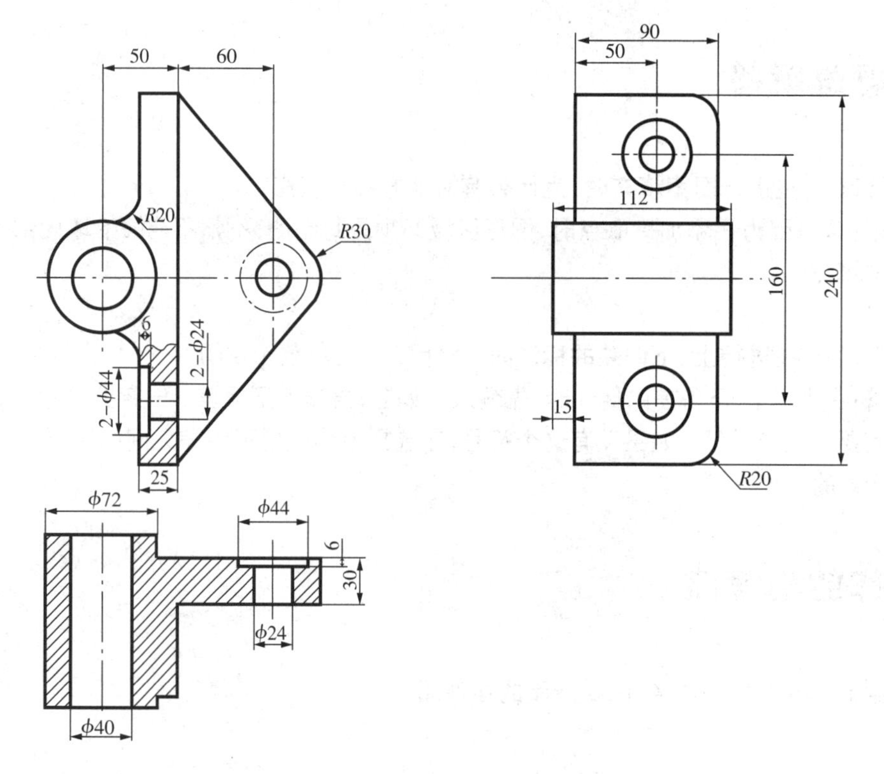
50
60
90
50
R20
R30
112
160
240
6
2−ϕ24
2−ϕ44
15
25
R20
ϕ72
ϕ44
6
30
ϕ24
ϕ40

图 4-1-34

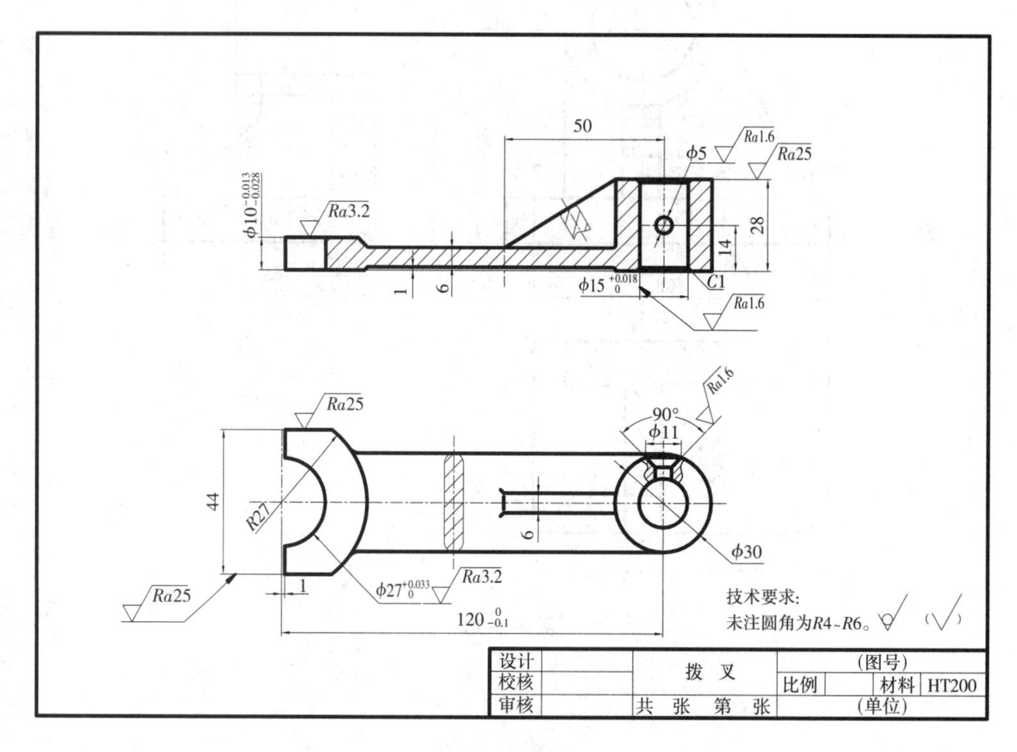
50
ϕ5
Ra1.6
Ra25
Ra3.2
28
14
C1
ϕ15
Ra1.6
90°
ϕ11
Ra25
44
R27
ϕ30
Ra25
1
ϕ27
Ra3.2
120
技术要求:
未注圆角为R4~R6。
设计
校核
审核
拨 叉
(图号)
比例
材料
HT200
共 张 第 张
(单位)

图 4-1-35

NO.2

# [任务二]

# 绘制传动齿轮

在任务一中学习了绘制典型的轴类零件，那么对于盘类零件又该如何绘制呢？在本任务中，将学习图4-2-1所示的齿轮零件图的画法。

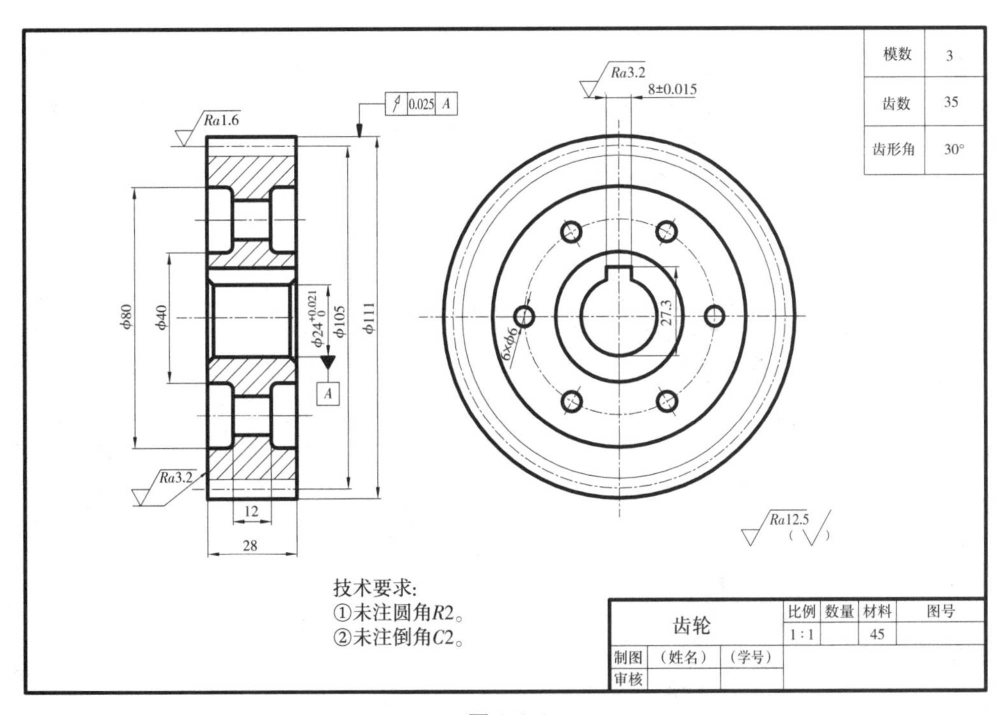


图4-2-1

## 活动1 绘制零件轮廓图

（1）创建新文件。

（2）创建3个图层，分别为“粗实线”“点画线”“细实线”，如图4-2-2所示。

（3）选择“点画线”图层为当前图层，绘制轴中心线，如图4-2-3所示。

（4）以轴中心线的交点为圆心，分别绘制一个半径为52.5和30的圆，如图4-2-4所示。

（5）选择“粗实线”图层为当前图层，重复执行圆命令，捕捉上步绘制的圆的圆心，分别绘制5个同心圆，半径分别为12、20、40、49.5、55.5，如图4-2-5所示。

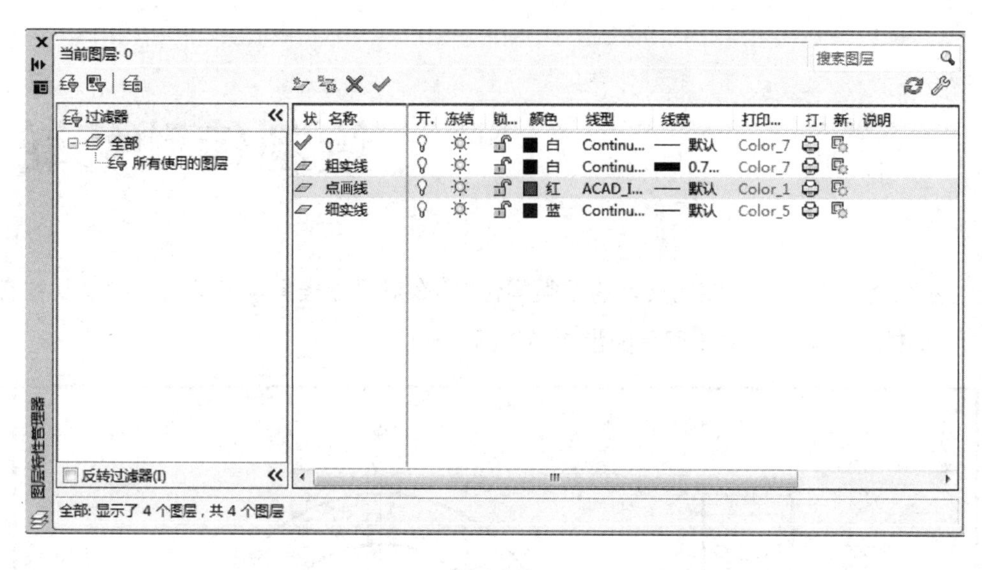


图 4-2-2

图 4-2-3　　　　图 4-2-4

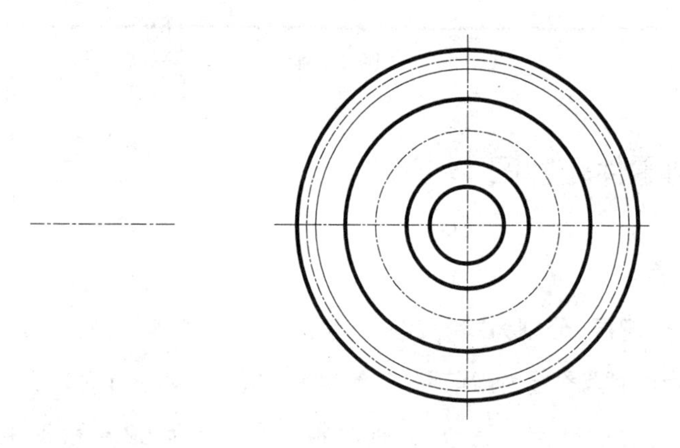

图 4-2-5

（6）将水平中心线向上偏移，偏移距离为 15.3，再将竖直中心线向左右各偏移 4，然后将偏移后的线型转化为粗实线，最后修剪掉多余直线，如图 4-2-6 所示。

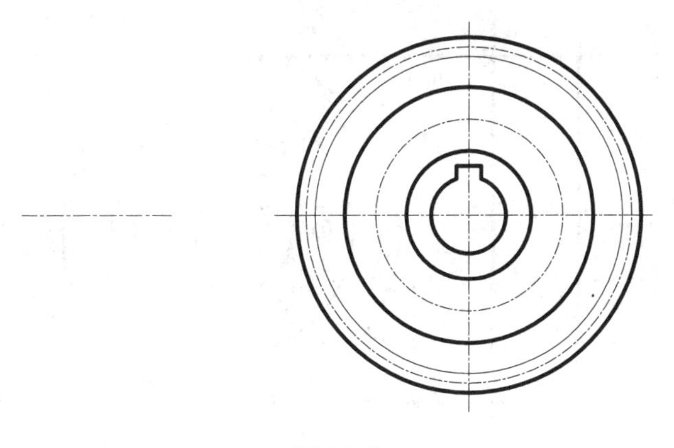

图 4-2-6

（7）以半径为 30 的圆与水平中心线的交点为圆心，绘制 1 个直径为 6 的圆，如图 4-2-7 所示。

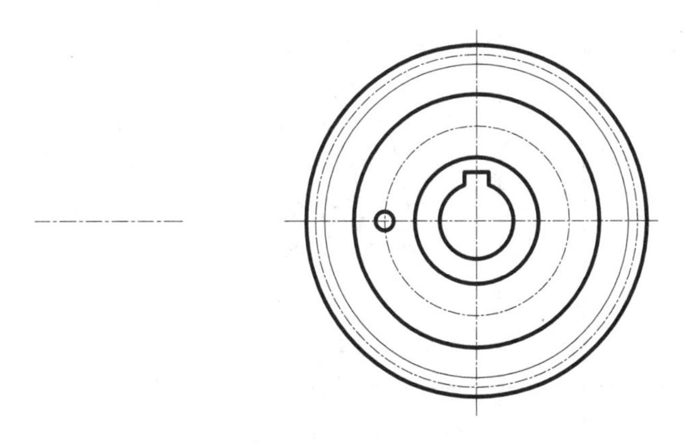

图 4-2-7

（8）将上一步所绘制的半径为 6 的小圆进行环形阵列，结果如图 4-2-8 所示。

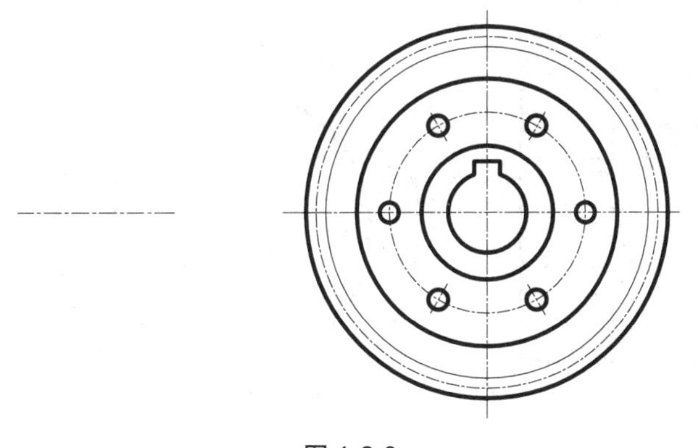

图 4-2-8

（9）通过直径为 111 的圆的上、下两顶点，往左边绘制两条水平线，然后再绘制一条与之相交的竖直线，并将其偏移 28，然后都转换为粗实线，如图 4-2-9 所示。

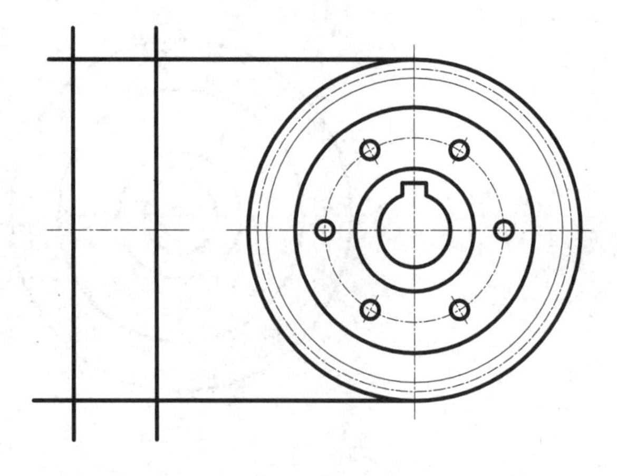

图 4-2-9

（10）重复使用偏移工具，偏移出齿轮的各个圆的上、下线，如图 4-2-10 所示。

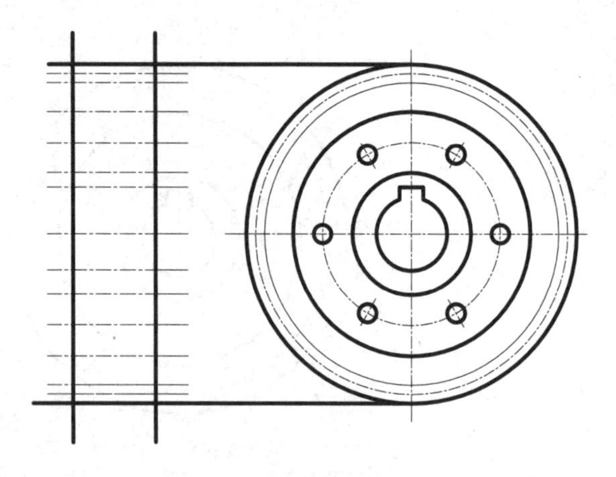

图 4-2-10

（11）将多余直线修剪掉，并将其转换为粗实线，如图 4-2-11 所示。

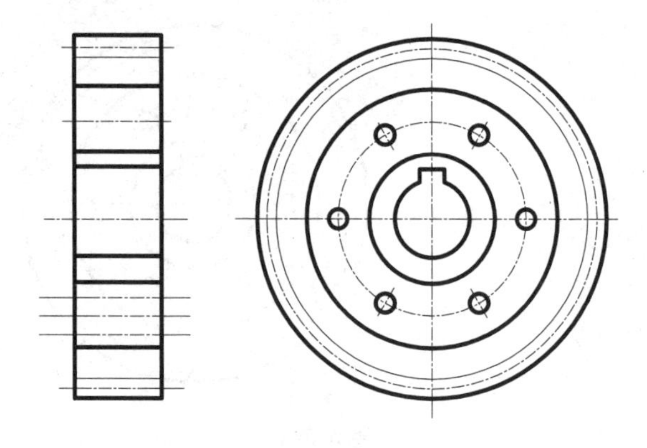

图 4-2-11

（12）偏移直径为 12 的孔的上、下线，偏移值为 6，然后在偏移孔的左、右线，将齿轮端面的直线各偏移 8，并将其转化为粗实线，如图 4-2-12 所示。

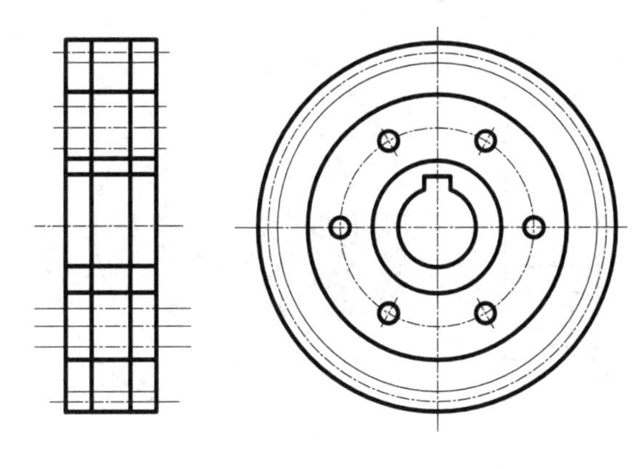

图 4-2-12

（13）将多余线修剪掉，得到如图 4-2-13 所示的图形。

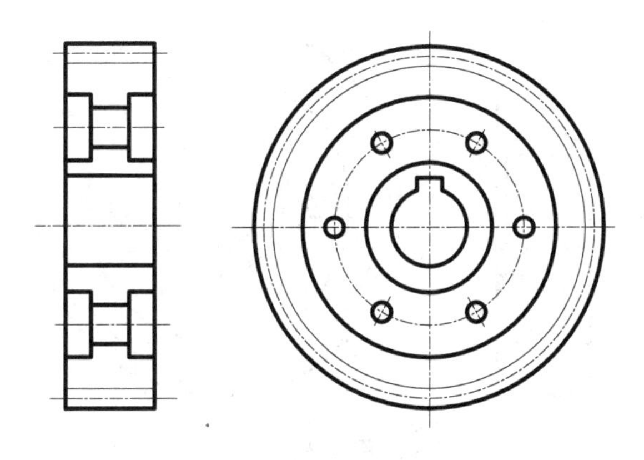

图 4-2-13

（14）将左图的水平中心线向上偏移 12，得到如图 4-2-14 所示的图形。

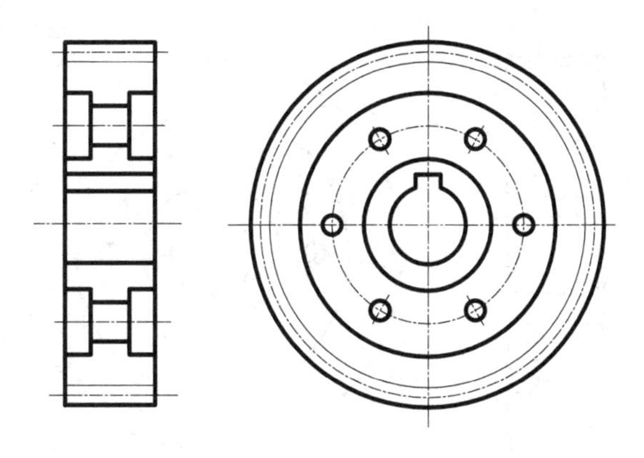

图 4-2-14

（15）对顶点进行圆角处理，圆角半径为 2，如图 4-2-15 所示。

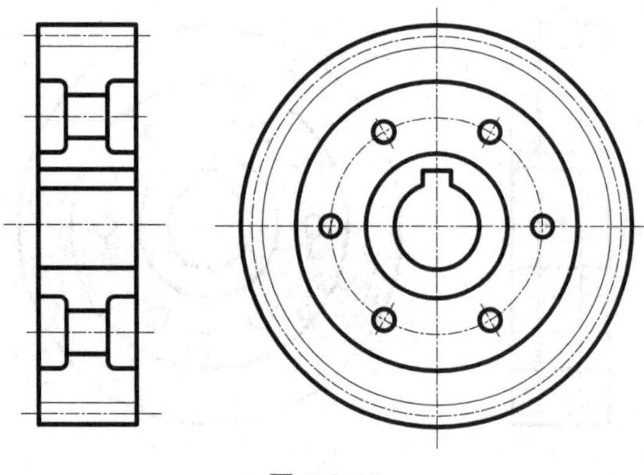

图 4-2-15

（16）将齿轮的端面偏移 2，如图 4-2-16 所示。

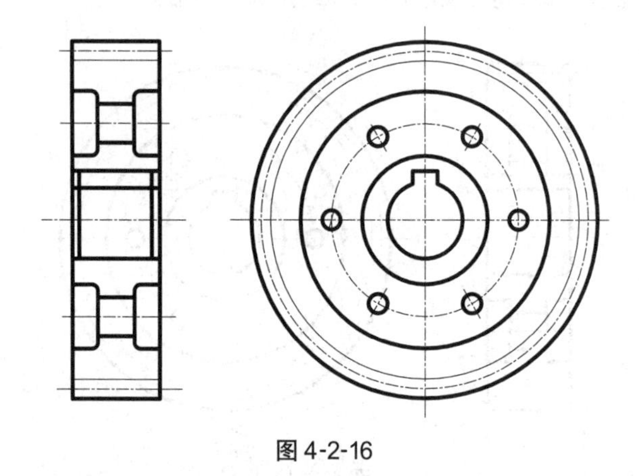

图 4-2-16

（17）修剪齿轮端面的多余线条，对如图 4-2-16 所示的几个顶点进行倒角处理，倒角距离为 2，如图 4-2-17 所示。

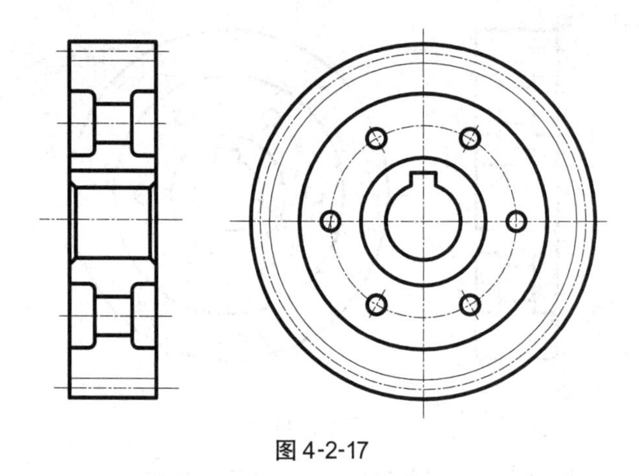

图 4-2-17

（18）单击绘图工具栏中的图案填充工具，在弹出的“图案填充和渐变色”对话框中，按照图 4-2-18 所示进行设置。再单击“拾取点”按钮，回到绘图窗口在填充区域内单击，按“Enter”键后返回到“图案填充和渐变色”对话框，单击“确定”按钮，完成图案的填充，结果如图 4-2-19 所示。

图 4-2-18

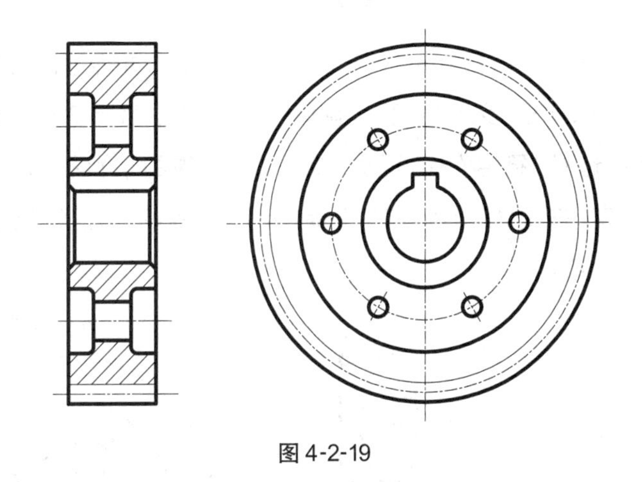

图 4-2-19

## 做一做

绘制如图 4-2-19 所示的零件图。

## 活动2　标注尺寸

（1）在标注工具栏中选择“线性标注”工具，依次单击标注部位的两个端点，拉出标注线到合适位置后单击鼠标，完成12、28、27.3的标注。

（2）在标注工具栏中选择“线性标注”工具，依次单击标注部位的两个端点，然后在命令行提示中输入m，弹出“文字格式”设置框，在数字前单击右键，在弹出的快捷菜单中选择“符号”→“直径”命令，然后单击“确定”按钮，完成直径为80、40、105、111标注，如图4-2-20所示。

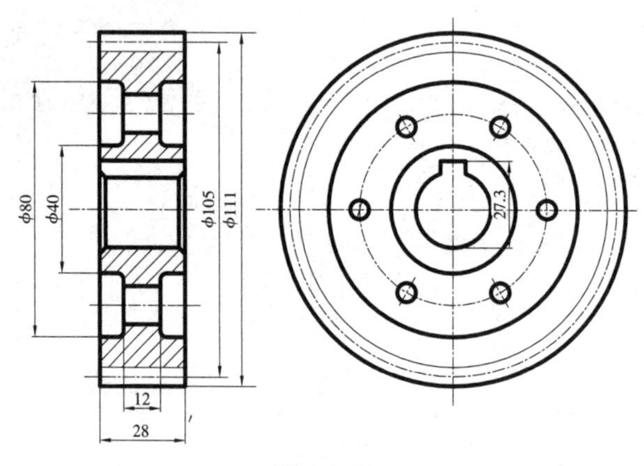


图4-2-20

（3）标注 **8±0.015** 。选择“线性标注”工具，依次单击要标注图形的两个端点，然后在命令行中输入m，弹出“文字格式”设置框，将光标移到数字8的后面单击右键，在弹出的快捷菜单中选择“符号”→“正负”命令，在出现的正负符号“%%P”后输入0.015，再单击“确定”按钮，如图4-2-21所示，**8±0.015** 就标注好了。然后再完成 6×φ12 的标注，如图4-2-22所示。

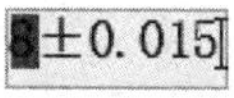

8±0.015

图4-2-21

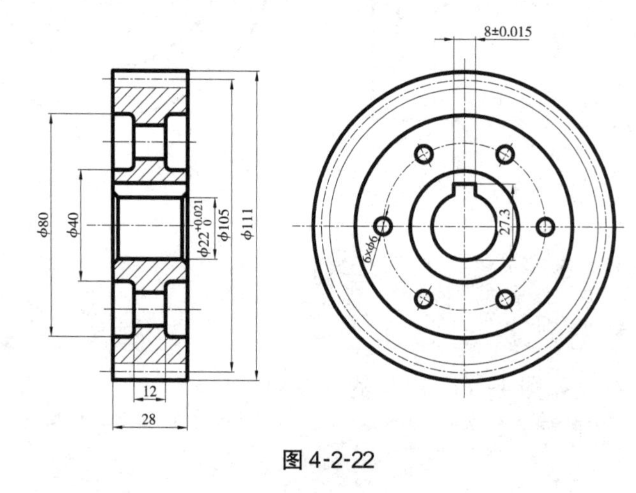


图4-2-22

(4)选择“快速引线”工具，输入 s，完成公差 的标注，然后绘制基准符号，如图 4-2-23 所示。

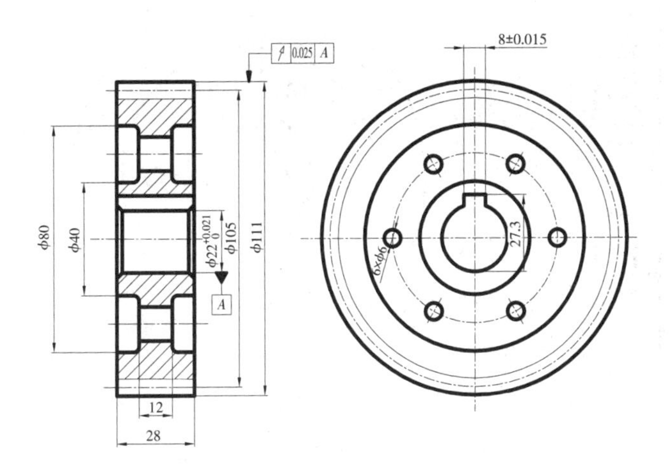


图 4-2-23

(5)绘制一个如图 4-2-24 所示的粗糙度符号，把它创建为块；然后插入如图 4-2-25 所示的位置；再用“分解”工具将需要修改数值的粗糙度符号分解，重新输入新的粗糙度值，如图 4-2-25 所示。

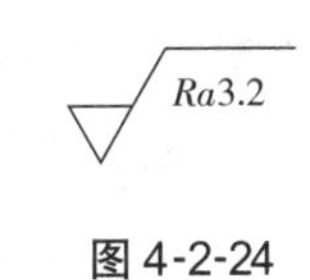


图 4-2-24

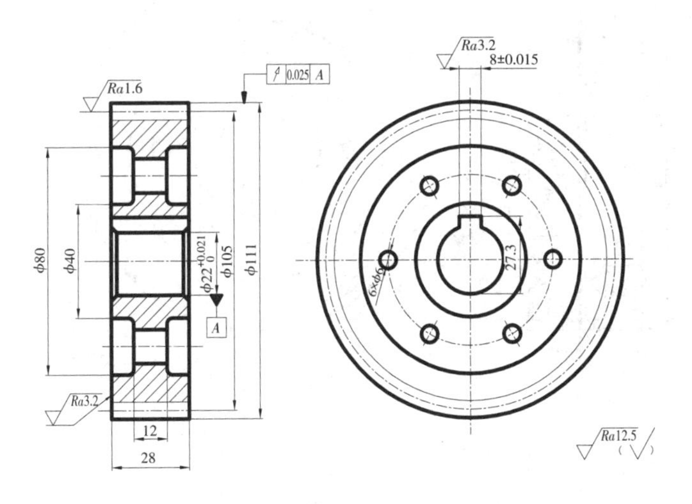


图 4-2-25

(6)将“粗实线”图层设为当前图层，绘制图像的外框线和标题栏，如图 4-2-26 所示。

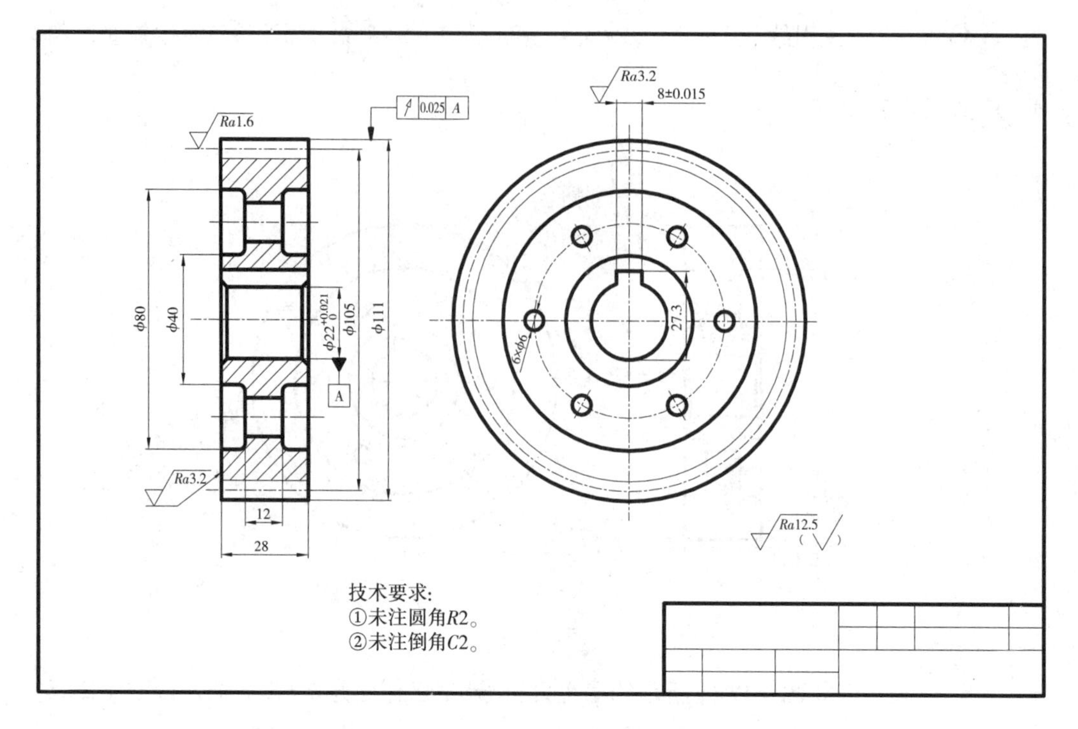


图 4-2-26

（7）输入技术要求和标题栏内的文字，如图 4-2-27 所示。

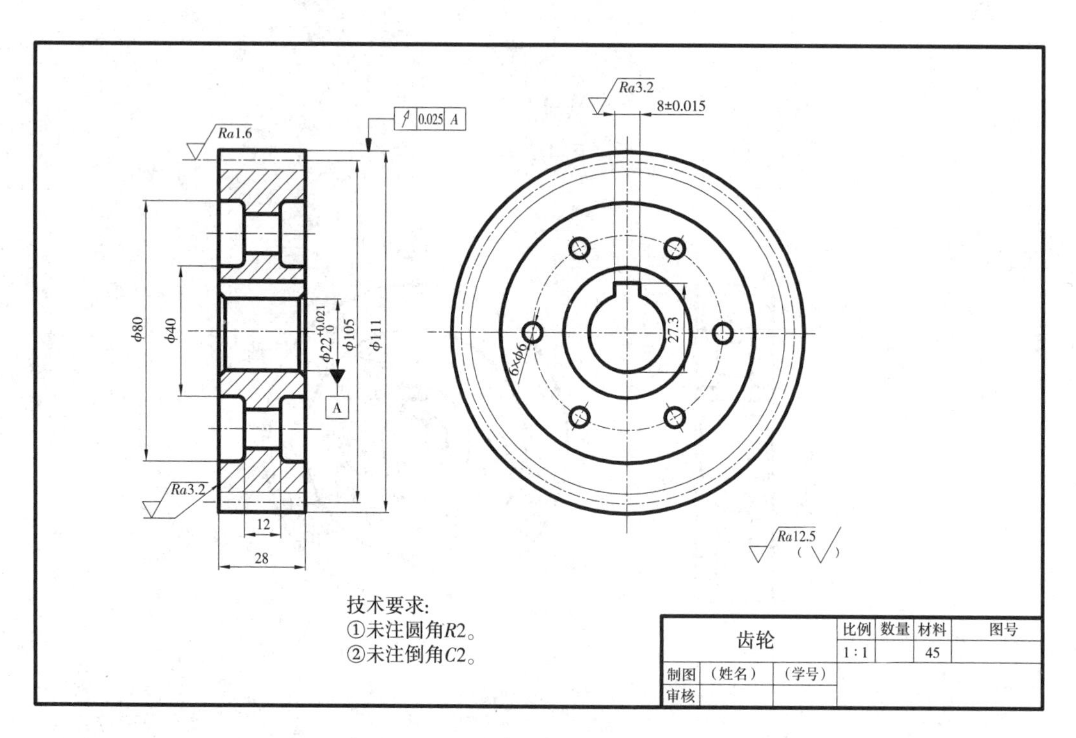


图 4-2-27

(8)绘制图 4-2-28 右上角的表格并输入文字。

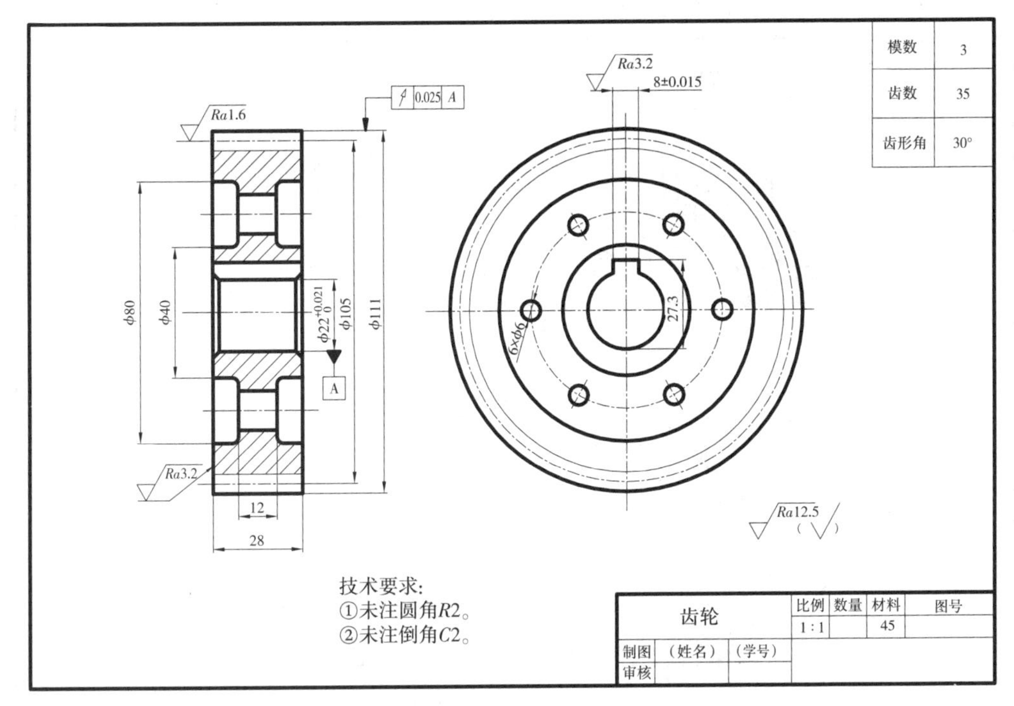


图 4-2-28

## 知识窗

当表格比较复杂时,如果直接绘制可能比较费时,这时 AutoCAD 2010 及更高的版本可以直接使用“绘图”→“表格”命令,对表格进行创建和编辑。

## 做一做

绘制图 4-2-28 所示的零件图。

## ▶作业与考核

绘制图 4-2-29—图 4-2-31 所示的零件图。

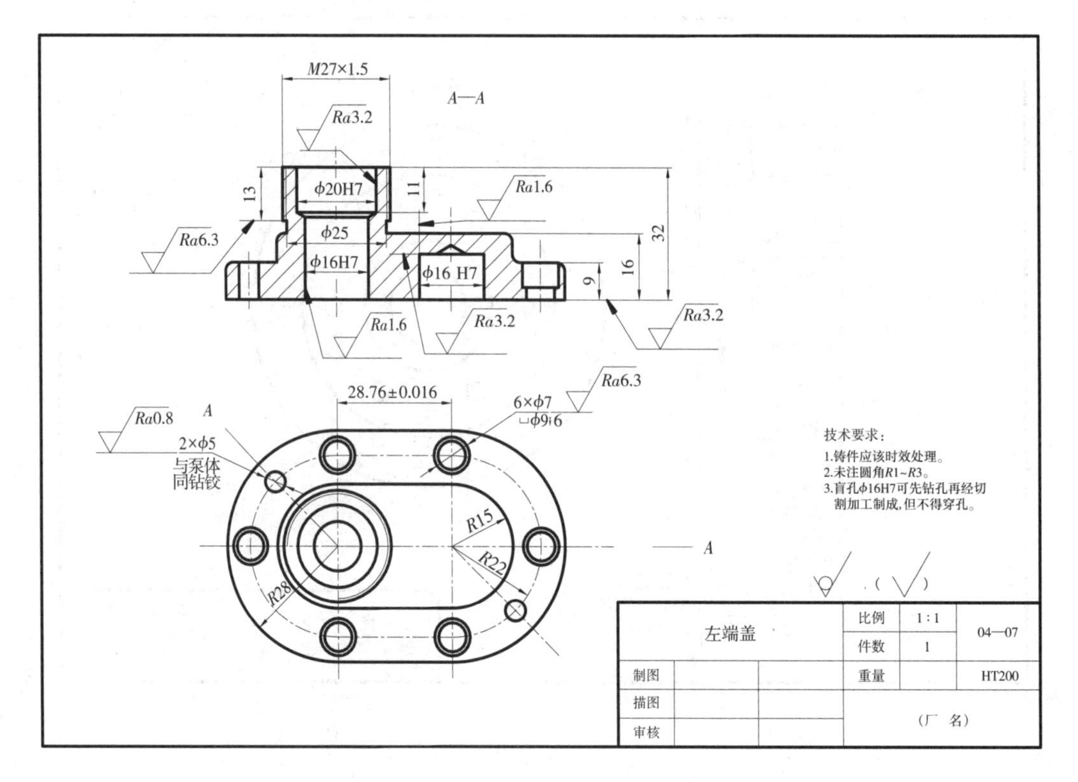
M27×1.5
A—A
Ra3.2
13
ϕ20H7
11
Ra1.6
32
Ra6.3
ϕ25
ϕ16H7
ϕ16 H7
16
9
Ra1.6
Ra3.2
Ra3.2
28.76±0.016
Ra6.3
6×ϕ7
⌴ϕ9↧6
Ra0.8
A
2×ϕ5
与泵体
同钻铰
R15
R22
R28
A
技术要求：
1.铸件应该时效处理。
2.未注圆角R1~R3。
3.盲孔ϕ16H7可先钻孔再经切
割加工制成，但不得穿孔。
左端盖
比例
1∶1
04—07
件数
1
制图
重量
HT200
描图
审核
（厂 名）

图 4-2-29

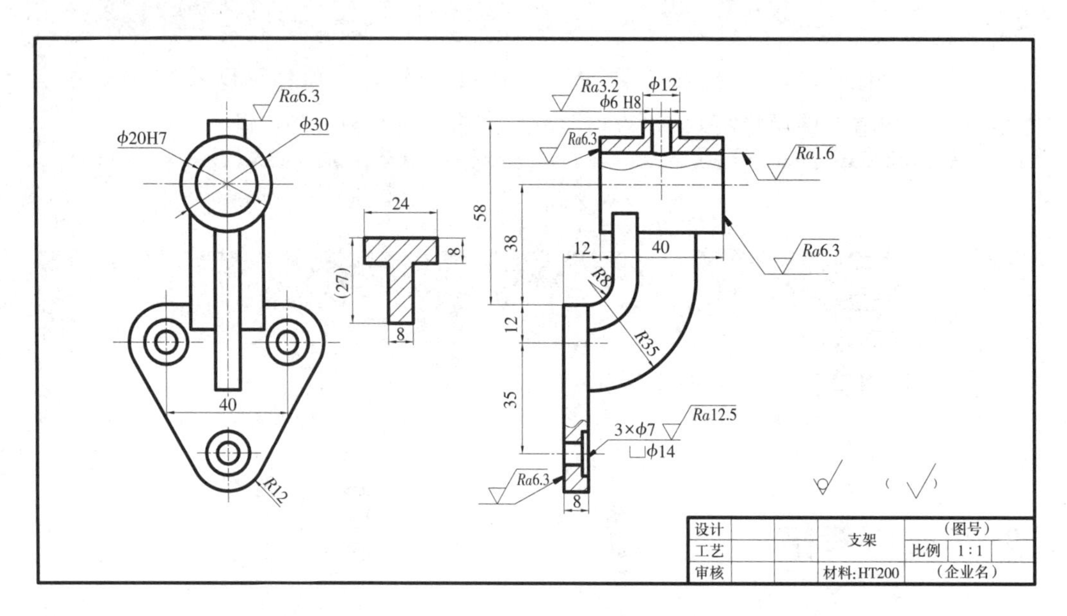
Ra6.3
ϕ20H7
ϕ30
24
8
(27)
8
40
R12
Ra3.2
ϕ12
ϕ6 H8
Ra6.3
Ra1.6
58
38
12
40
Ra6.3
R8
12
R35
35
3×ϕ7
⌴ϕ14
Ra12.5
Ra6.3
8
设计
支架
（图号）
工艺
比例
1∶1
审核
材料:HT200
（企业名）

图 4-2-30

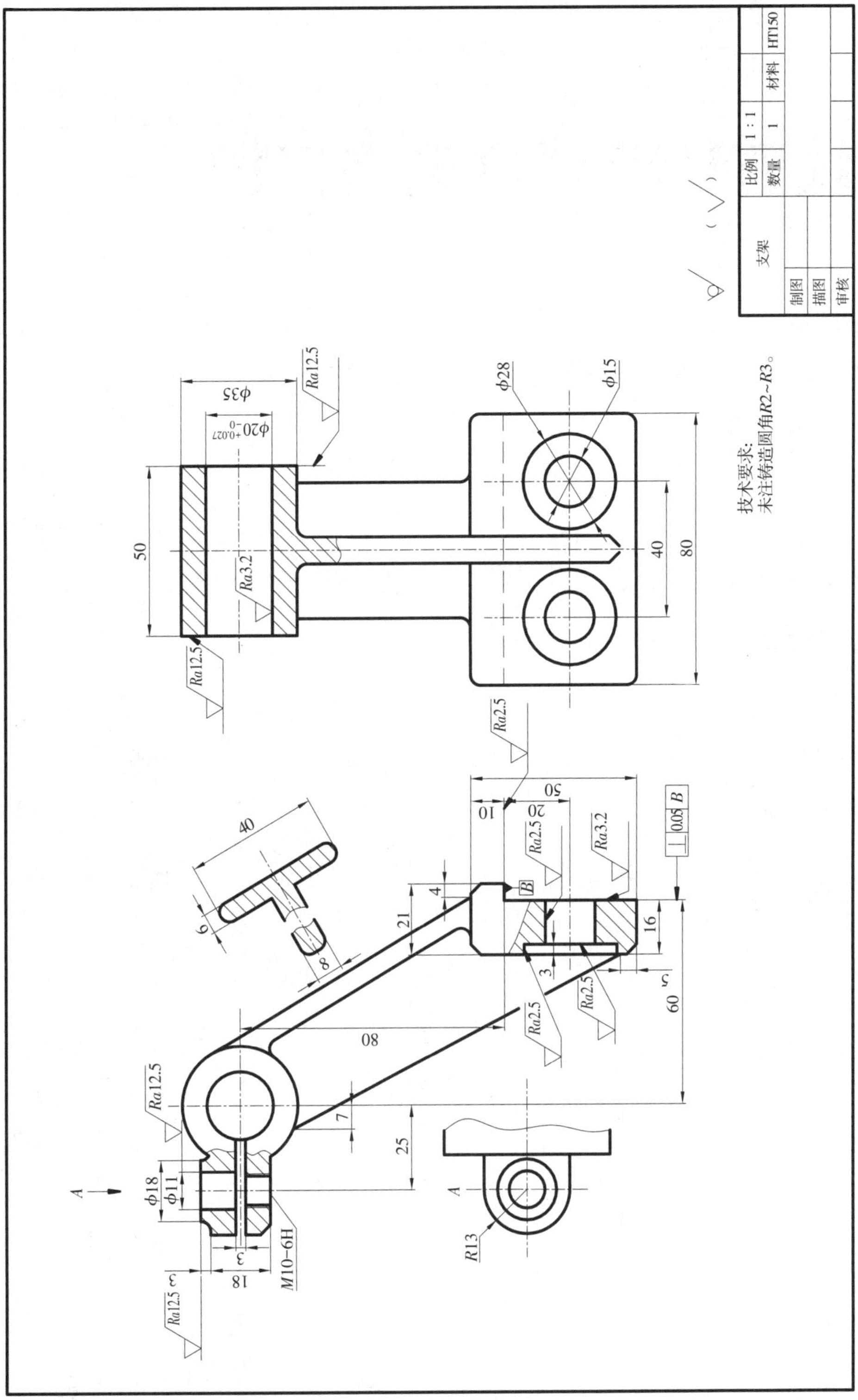

技术要求:
未注铸造圆角$R2\sim R3$。

| 支架 | | 比例 | 1∶1 | | |
|---|---|---|---|---|---|
| | | 数量 | 1 | 材料 | HT150 |
| 制图 | | | | | |
| 描图 | | | | | |
| 审核 | | | | | |

图4-2-31

# 模块五 / 绘制建筑施工图

最常用的建筑施工图包括建筑的平面、立面、剖面以及结构图等，本模块分别讲述了以上图纸的详细绘制步骤，从基本的设置到多线等常见工具的运用，使学习者能轻松学会此类图纸的绘制。

具体任务：

+ 使用直线、圆、圆弧、多线、标注、填充、多段线等绘图工具和文字工具。
+ 建立简单图层。
+ 使用正交、对象捕捉、极轴追踪、偏移、修剪、复制、旋转、阵列等命令。
+ 使用以上工具绘制建筑施工图。

[ 任务一 ]

NO.1

# 绘制建筑施工平面图

本任务绘制一张如图 5-1-1 所示的建筑施工平面图。

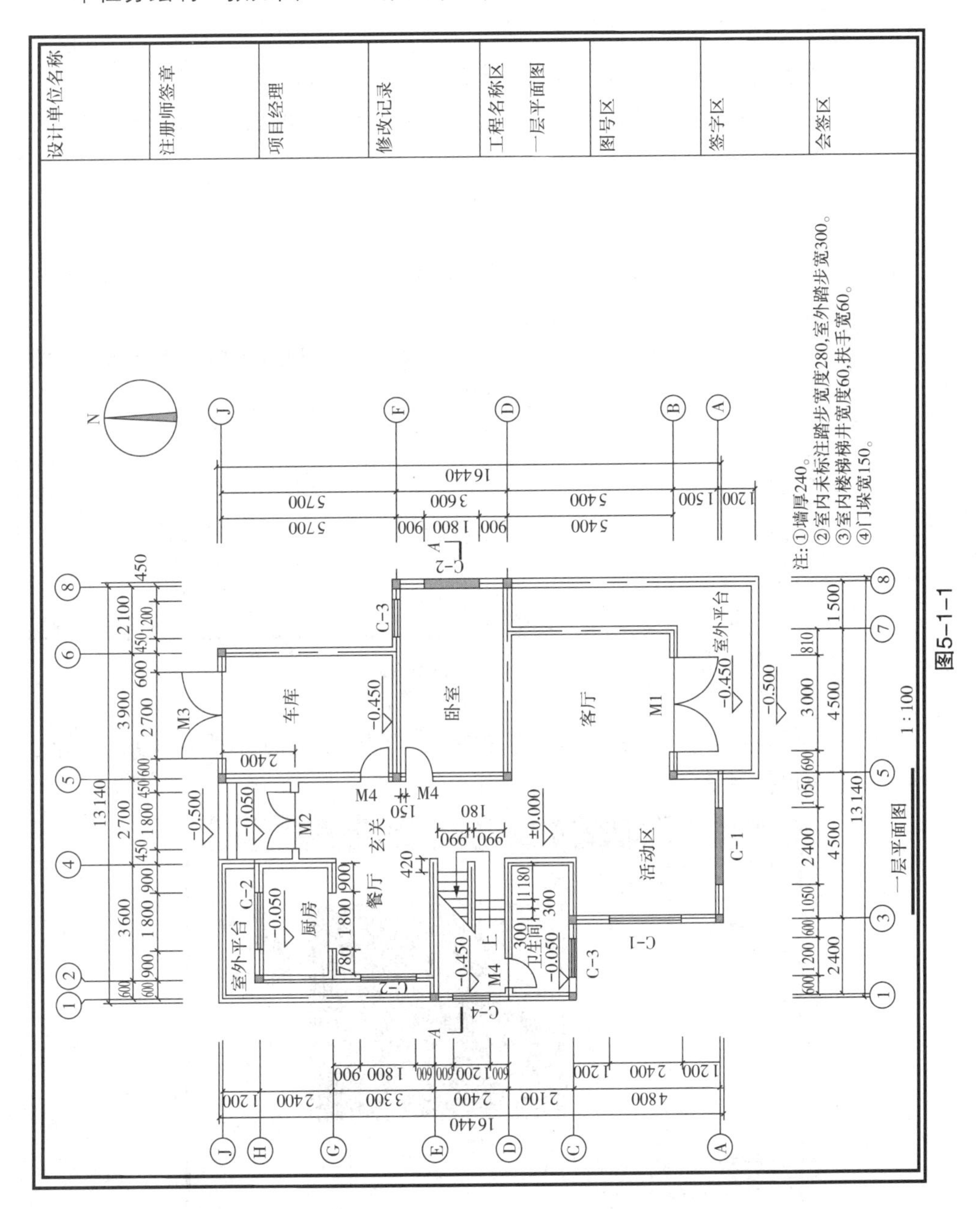


图5-1-1

## 活动 1　基本设置

> **友情提示**
>
> 本模块内容的学习需要对 AutoCAD 2010 版本的界面和基本命令有一定的了解，如果是零基础的同学请先学习本书前两个模块；
>
> 根据国赛要求，需要设置两种文字样式，分别用于“汉字”和“数字与英文字母”的注释，所有字体均为直字体，宽度因子为 0.7。
>
> 用于“汉字”文字样式命名为 HZ，字体名选择仿宋。
>
> 用于“数字与英文字母”文字样式命名为 XT，字体名选择 Simplex.shx，大字体选择 hztxt。

（1）选择菜单“格式”→“文字样式”命令，在弹出“文字样式”对话框中单击 新建(N)... 按钮，修改参数并置为当前，如图 5-1-2 所示。

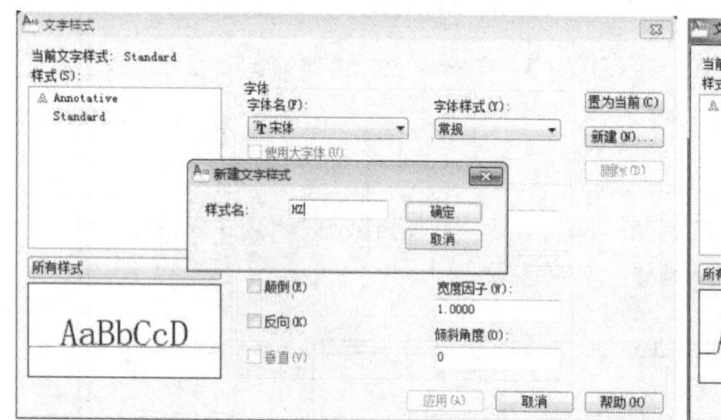


新建

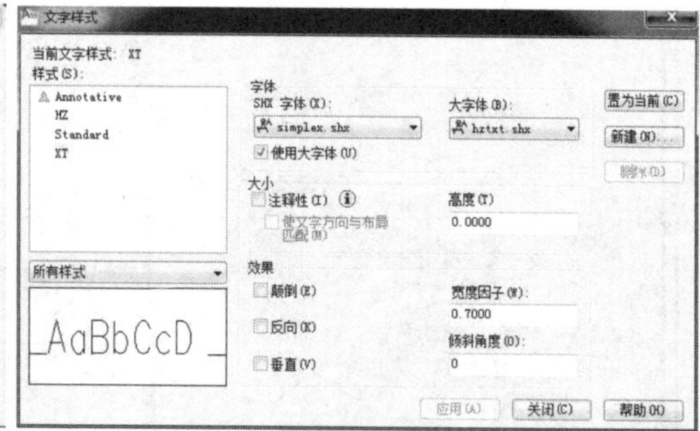


完成后

图 5-1-2

（2）选择菜单“格式”→“标注样式”命令，在弹出的“标注样式管理器”中单击 修改(M). 按钮，如图 5-1-3 所示。

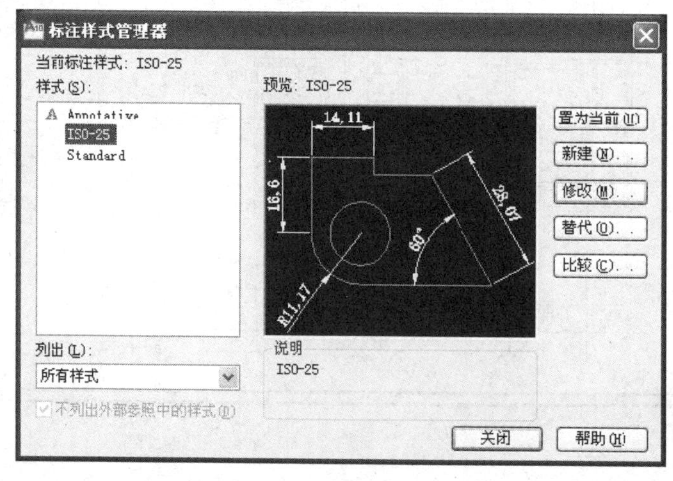


图 5-1-3

(3)在“修改标注样式:ISO-25”对话框中单击“线”选项卡,修改参数:基线间距为8、超出尺寸线为2、起点偏移量为2,如图5-1-4所示。

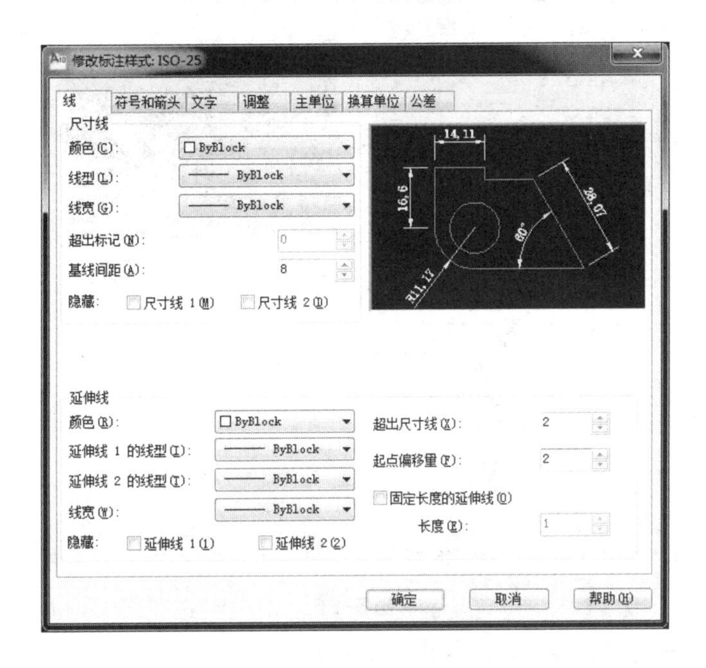


图5-1-4

(4)在“符号和箭头”选项卡中修改参数,如图5-1-5所示。

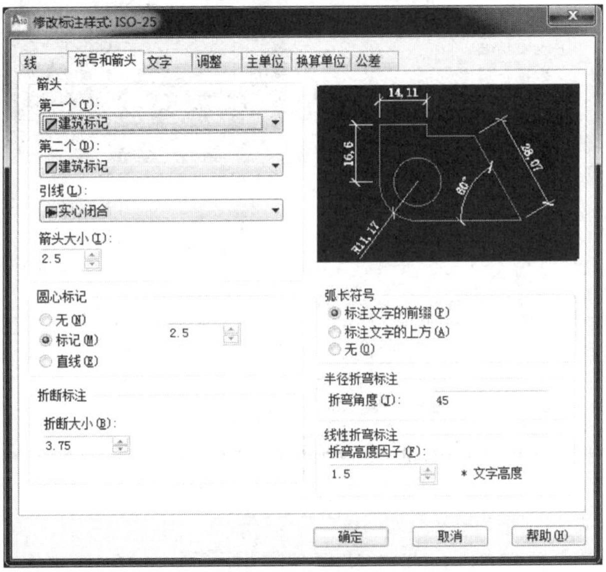

图5-1-5

（5）在“文字”选项卡中修改参数，如图 5-1-6 所示。

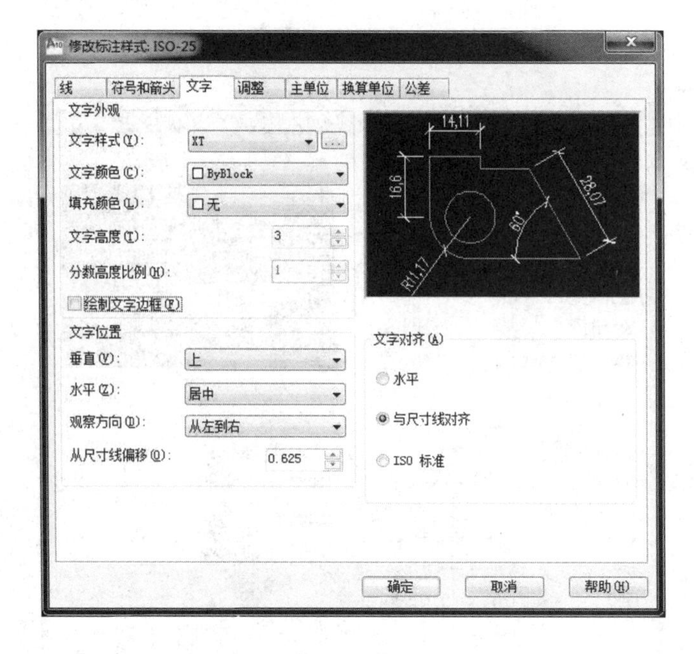


图 5-1-6

（6）在“调整”选项卡中修改参数，如图 5-1-7 所示。

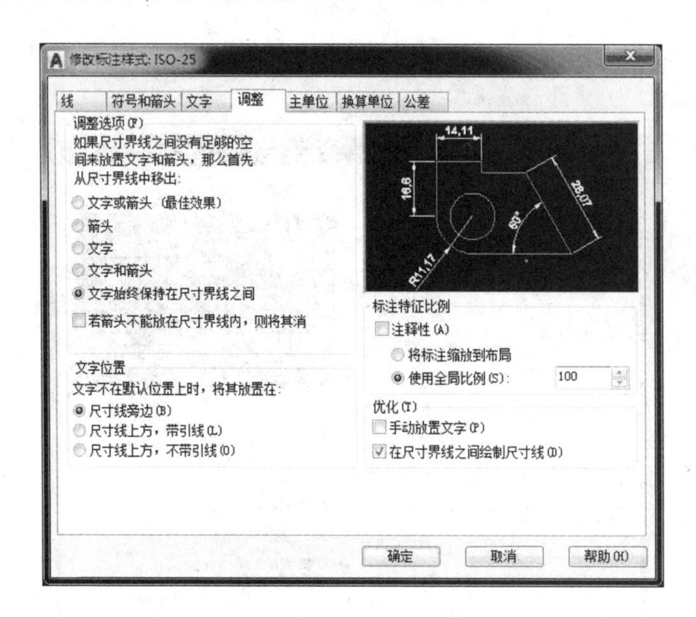


图 5-1-7

（7）在“标注样式管理器”对话框中单击 置为当前(U) 按钮，然后单击“关闭”按钮，如图 5-1-8 所示。

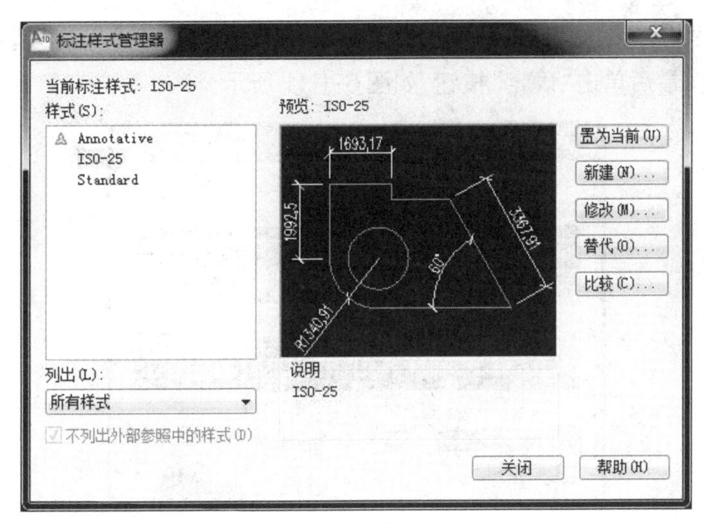


图 5-1-8

## 活动 2　建立图层

（1）单击菜单“格式”→“图层”命令，在弹出的“图层特性管理器”的对话框中单击 或者按“Enter”键新建图层，如图 5-1-9 所示。

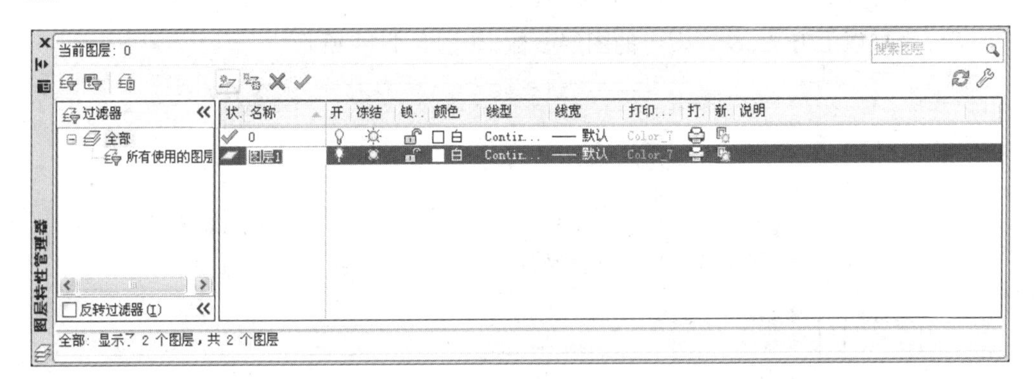


图 5-1-9

（2）依次建立并修改图层名为轴线、墙线、门窗、楼梯、标注、文字等，如图 5-1-10 所示。

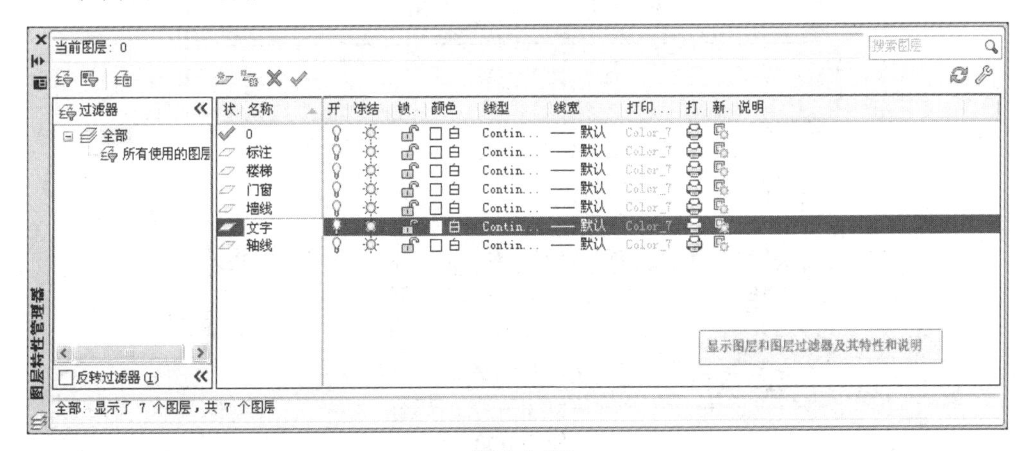


图 5-1-10

（3）轴线图层参数的设置、颜色设置。单击 □白 按钮，在弹出的“选择颜色”对话框中选择红色，最后单击“确定”按钮，如图 5-1-11 所示。

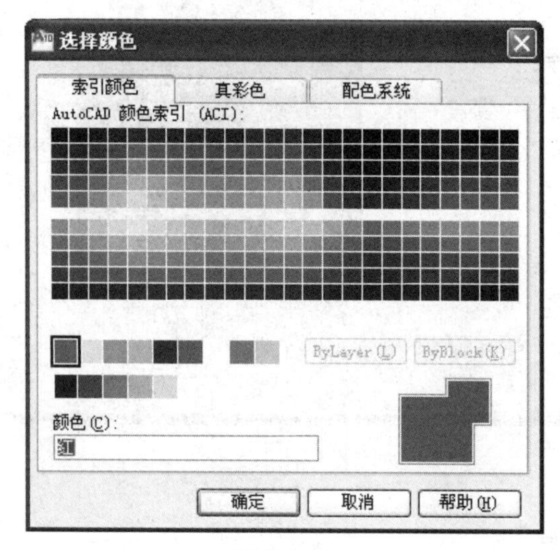


图 5-1-11

（4）线型设置。单击 Contin.. 按钮，在弹出的“选择线型”对话框中单击 加载(L)... 按钮，再选择“CENTER2”，然后单击“确定”按钮，如图 5-1-12 所示。

（5）在“选择线型”对话框中选中“CENTER2”，单击“确定”按钮，如图 5-1-13 所示。

（6）根据以上方法，设置相应的图层参数，如图 5-1-14 所示。

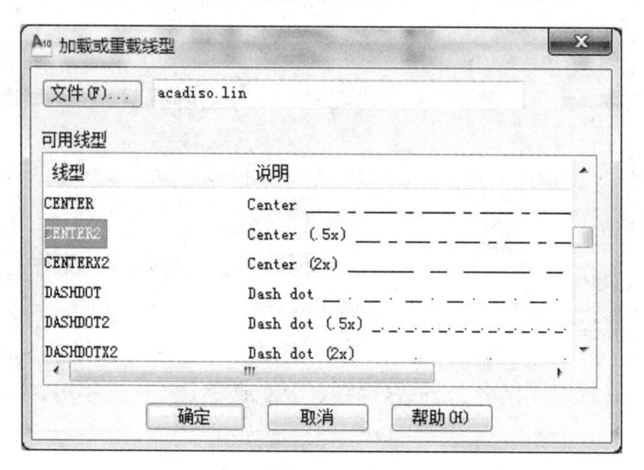


图 5-1-12

图 5-1-13

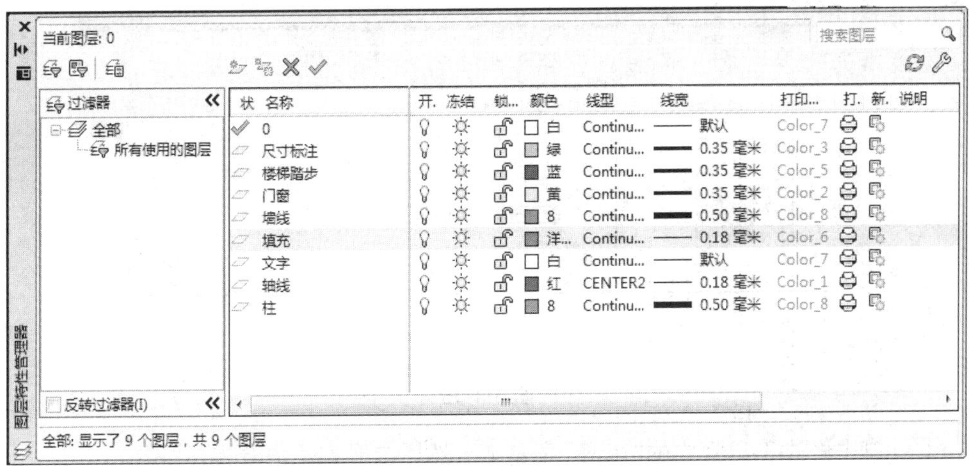


| 图层名称 | 颜色 | 线型 | 线宽 |
|---|---|---|---|
| 轴线 | 红色 | Center2 | 0.18 |
| 墙线 | 灰色 | Continuous | 0.5 |
| 柱 | 灰色 | Continuous | 0.5 |
| 门窗 | 黄色 | Continuous | 0.35 |
| 楼梯踏步 | 蓝色 | Continuous | 0.35 |
| 散水坡道 | 浅灰 | Continuous | 0.35 |
| 尺寸标注 | 绿色 | Continuous | 0.35 |
| 标注 | 白色 | Continuous | 0.35 |
| 文字 | 白色 | Continuous | 默认 |
| 填充 | 洋红 | Continuous | 0.18 |

图 5-1-14

(7)然后单击 按钮，关闭“图层特性管理器”完成图层设置。

## 活动 3　绘制定位轴线

(1)双击“鼠标滚轮”后，在对象特性工具栏中单击 按钮，切换至轴线图层，如图 5-1-15 所示。

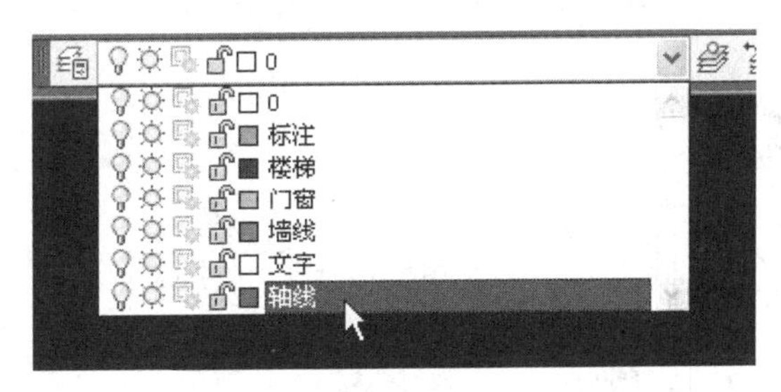


图 5-1-15

(2)单击绘图工具栏中的“直线”工具 ，在绘图区域随意绘制两条交叉的垂直线和水平线，作为①和Ⓐ轴线，如图 5-1-16 所示。

图 5-1-16

(3)单击修改工具栏中的“偏移”工具 ，然后参照如下命令提示操作：

命令:_offset

指定偏移距离或[通过(T)]:600　　//输入偏移距离 600 按“Enter”键

选择要偏移的对象或<退出>:　　//单击要偏移的垂直线

指定点以确定偏移所在一侧:　　//单击垂直线的右边

## 友情提示

- 当偏移出来的两条线很近时，不要以为距离不够，是因为 AutoCAD 软件的绘图区域可以看做是无限大的图纸，所以距离看上去很短，可以在绘图前先双击鼠标滚轮调整。
- 如果看不到偏移出来的线，说明偏移到图形界限以外，可以双击鼠标滚轮。
- 如果要偏移的线段间距一样，可以在偏移好第一根线段后只指定要偏移的线段和偏移的方向即可继续等距偏移。

(4)效果如图 5-1-17 所示。

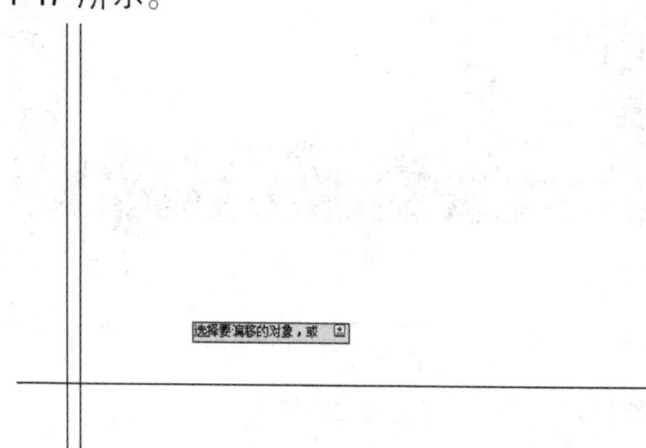


图 5-1-17

(5)参照以上方法偏移出所有的轴线,效果如图 5-1-18 所示。

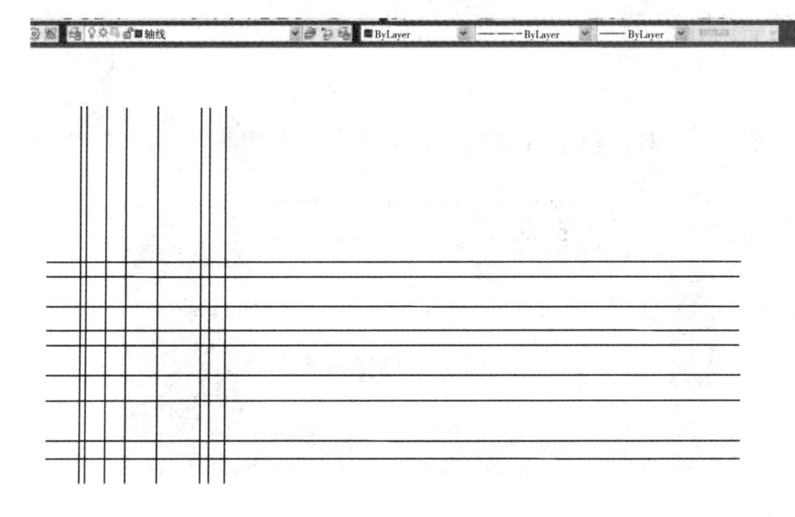


图 5-1-18

(6)修剪多余的轴线。

选择修改工具栏中的“修剪”工具 ,参照如下命令行操作:

命令:_trim

当前设置:投影=UCS,边=无

选择剪切边...

选择对象或<全部选择>:　　　　//框选所有的轴线,如图 5-1-19 所示

选择对象或<全部选择>:指定对角点:找到 17 个

选择对象:　　　　//按“Enter”键确认

选择要修剪的对象,或按住"Shift"键选择要延伸的对象,或[投影(P)/边(E)/放弃(U)]:　　　　//用鼠标单击要剪去的部分,如图 5-1-20 所示

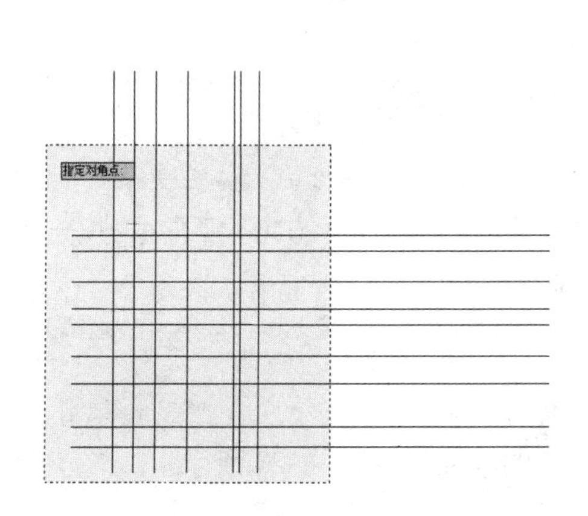


图 5-1-19

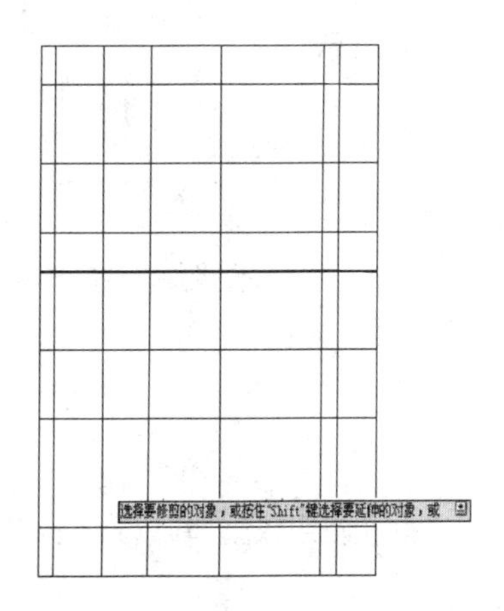


图 5-1-20

## 活动 4　绘制墙线

（1）在对象特性工具栏中单击按钮，切换至墙线图层，如图 5-1-21 所示。

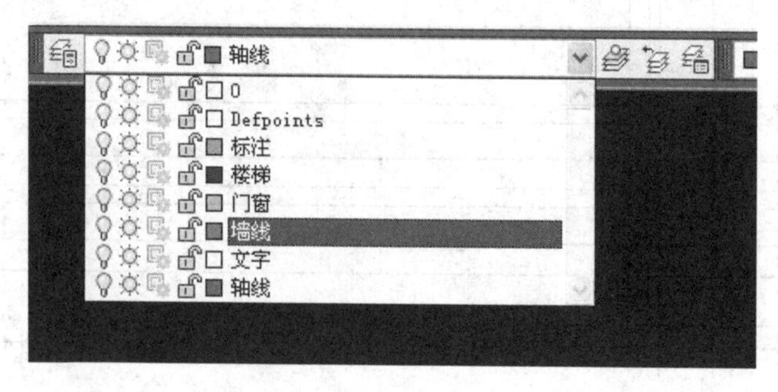


图 5-1-21

（2）单击菜单“绘图”→“多线”命令，参照如下命令行操作：

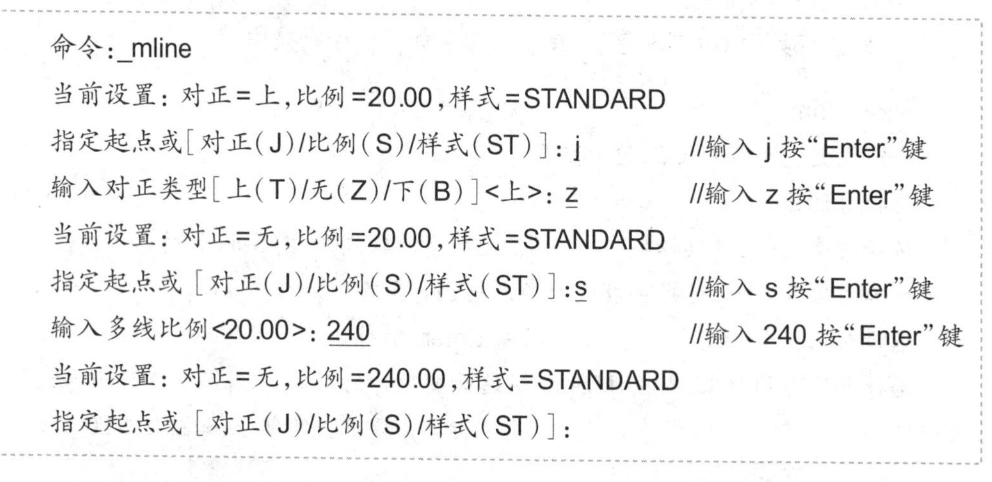

命令：_mline

当前设置：对正＝上，比例＝20.00，样式＝STANDARD

指定起点或［对正（J）/比例（S）/样式（ST）］：j　　//输入 j 按“Enter”键

输入对正类型［上（T）/无（Z）/下（B）］<上>：z　　//输入 z 按“Enter”键

当前设置：对正＝无，比例＝20.00，样式＝STANDARD

指定起点或［对正（J）/比例（S）/样式（ST）］：s　　//输入 s 按“Enter”键

输入多线比例<20.00>：240　　//输入 240 按“Enter”键

当前设置：对正＝无，比例＝240.00，样式＝STANDARD

指定起点或［对正（J）/比例（S）/样式（ST）］：

（3）根据平面图墙线的位置画出 ① 轴线上面的墙，① 轴线的墙从 Ⓒ 到 Ⓙ，如图 5-1-22 所示。

**友情提示**

在《房屋建筑制图统一标准》（GB/T 50001—2010）规范中，规定 I、O、Z 不能作为轴线编号使用，因为容易与阿拉伯数字 1、0、2 混淆。

（4）使用以上方法依次画出所有的墙线，如图 5-1-23 所示。

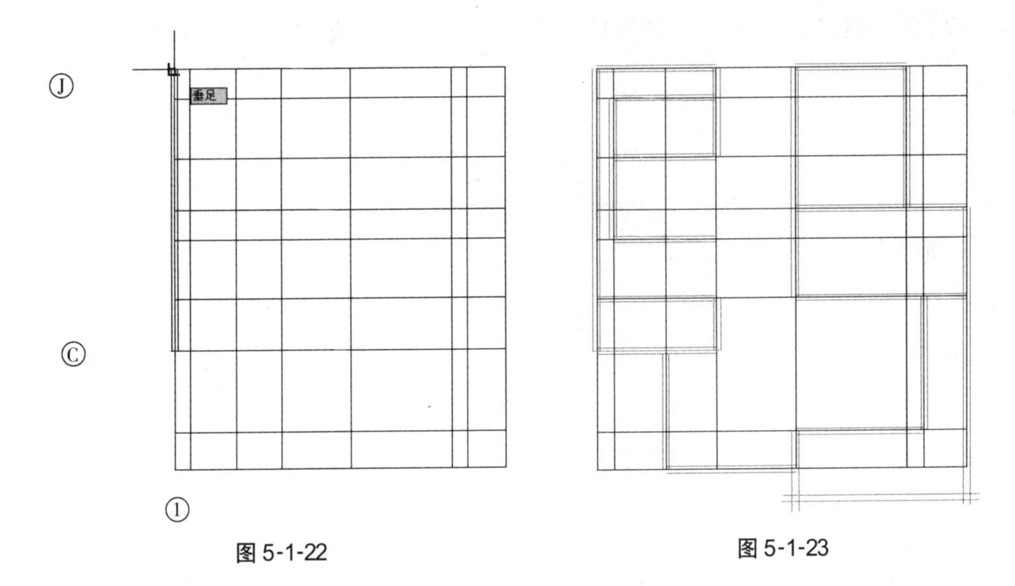


图 5-1-22　　图 5-1-23

（5）把所有多线的墙体分解为单线，选择全图输入字母 X，然后按“Enter”键，如图 5-1-24 所示。

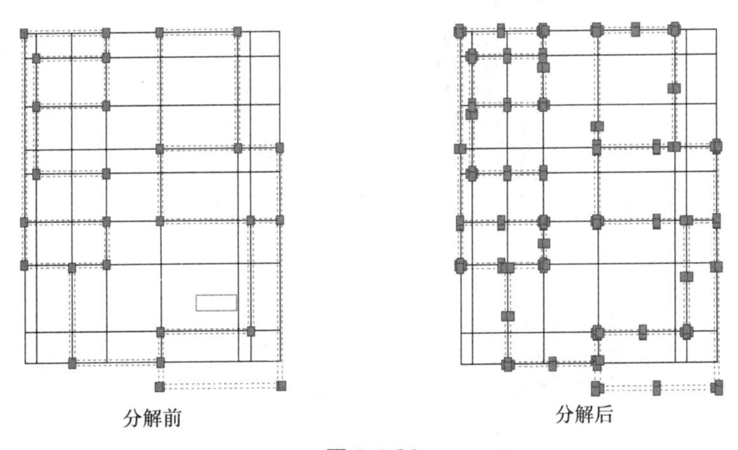


图 5-1-24

（6）使用修剪工具 -/-- 把所有交叉点多余的线修剪掉，如图 5-1-25 所示。

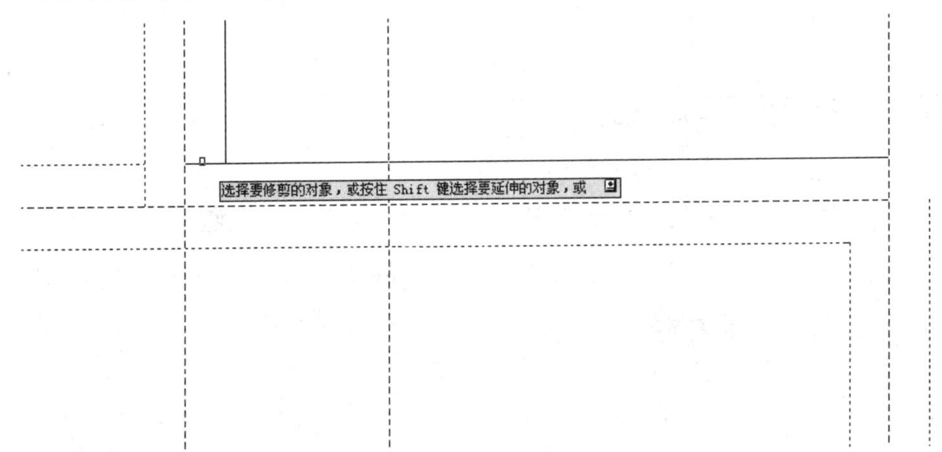


图 5-1-25

（7）角点相交处选中后拉动蓝色节点并拉长墙线到交叉后再修剪，如图 5-1-26 所示。

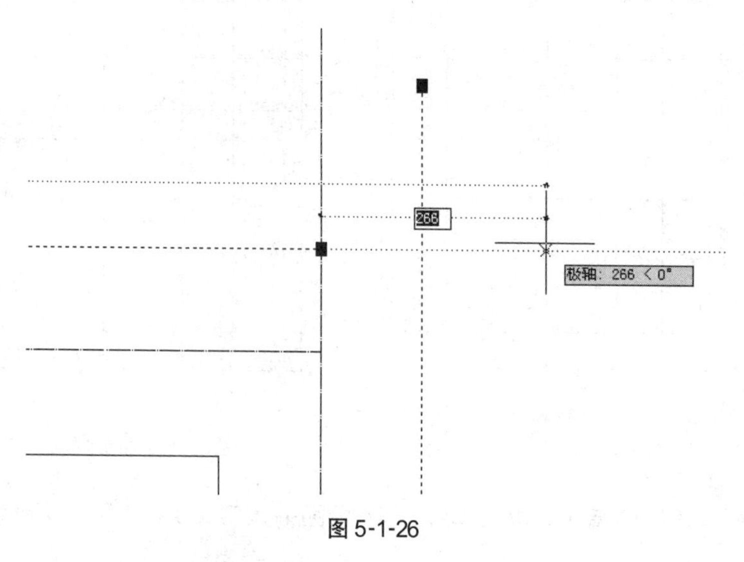


图 5-1-26

（8）完成所有的墙线修剪后，如图 5-1-27 所示。

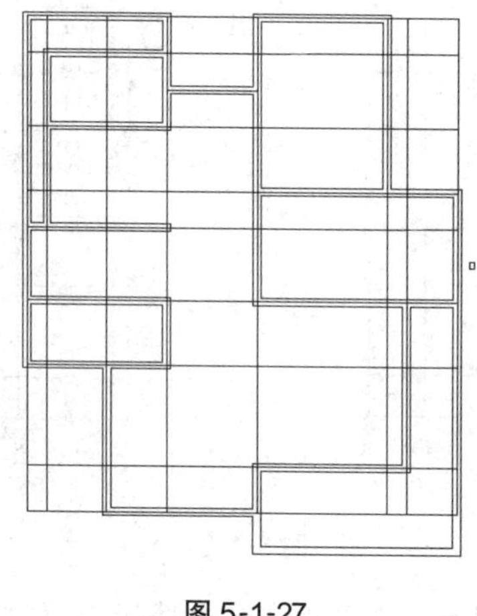

图 5-1-27

## 活动 5　绘制门窗洞口位置

切换到门窗图层，根据图 5-1-28 门窗表与图 5-1-1 平面图的数据找出门窗在墙线上的位置，然后作辅助线，如图 5-1-29 所示。根据数据偏移出门窗的位置删除辅助线，窗如图 5-1-30 所示，门如图 5-1-31 所示。

门窗统计表

| 名称 | 编号 | 洞口尺寸 | 数量 | 说明 |
|---|---|---|---|---|
| 窗 | C-1 | 2 400×2 200 | 4 | 塑钢推拉窗 |
| | C-2 | 1 800×1 800 | 8 | 塑钢推拉窗 |
| | C-3 | 1 200×1 800 | 6 | 塑钢推拉窗 |
| | C-4 | 1 200×1 800 | 1 | 塑钢推拉窗 |
| | C-5 | 1 200×4 300 | 1 | 塑钢推拉窗 |
| | C-6 | 1 200×4 300 | 1 | 塑钢推拉窗 |
| 门 | M1 | 3 000×2 700 | 2 | 塑钢推拉门 |
| | M2 | 1 800×2 500 | 2 | 塑钢推拉门 |
| | M3 | 2 700×2 500 | 1 | 塑钢推拉门 |
| | M4 | 900×2 100 | 10 | 木质门 |
| | TLM-1 | 2 700×3 000 | 1 | 塑钢推拉门 |

图 5-1-28

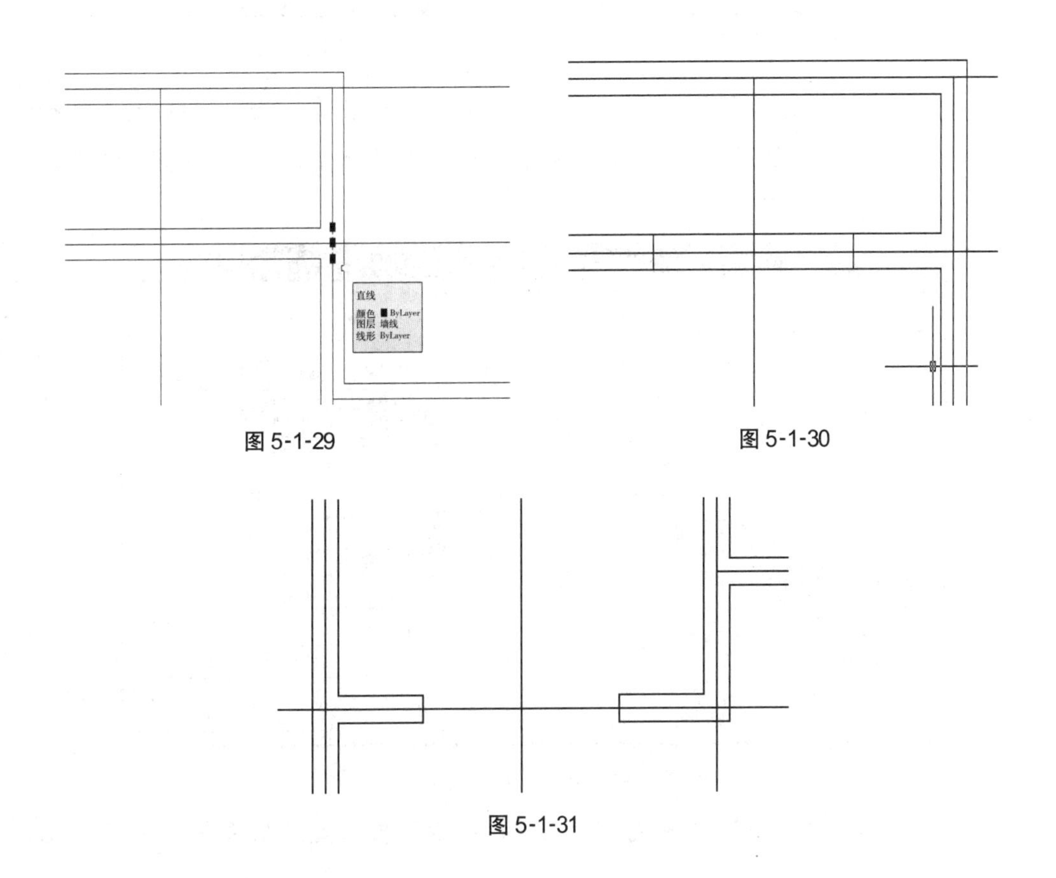


图 5-1-29

图 5-1-30

图 5-1-31

## 活动 6　绘制窗

（1）单击菜单“格式”→“多线样式”命令，在弹出“多线样式”对话框中单击“新建”按钮，如图 5-1-32 所示，在弹出的“创建新的多线样式”对话框中，样式名输入“C”，单击“继续”按钮，如图 5-1-33 所示。

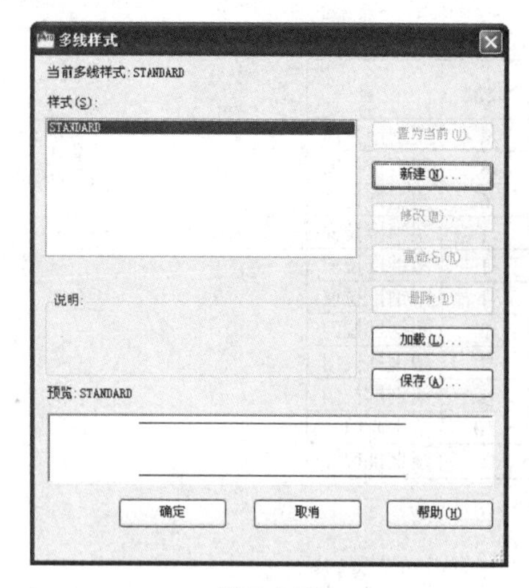


图 5-1-32

图 5-1-33

(2)在弹出的“新建多线样式:C”对话框中,在“封口”选项下勾选“直线”起点和端点的复选框,单击“添加”按钮,修改窗线的偏移参数,如图 5-1-34 所示,确定后再将样式置为当前并关闭。

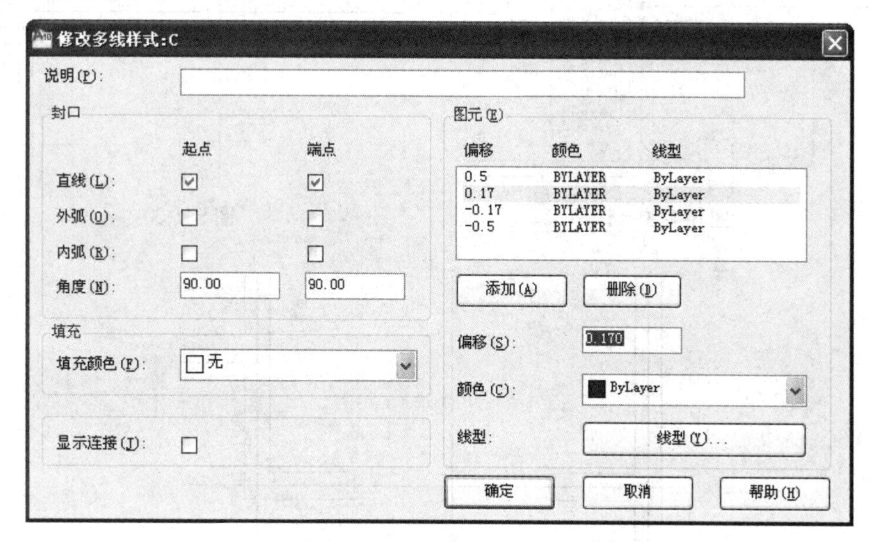


图 5-1-34

(3)单击菜单“绘图”→“多线”命令,然后在窗洞位置处绘制窗户,如图 5-1-35 所示。

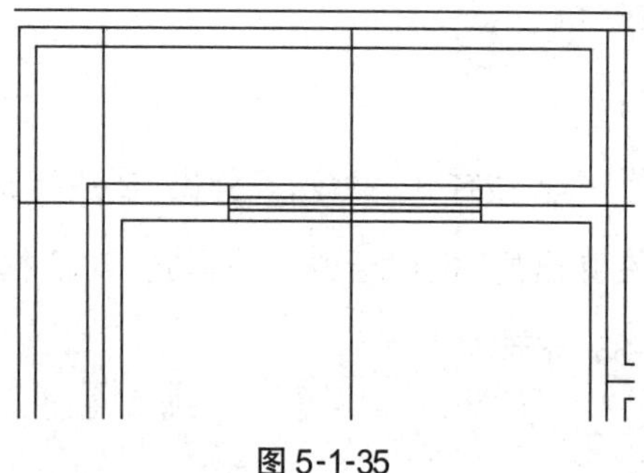

图 5-1-35

## 活动7　绘制门

（1）做一条与门洞宽度一样且垂直于门所在墙（方向以图为准）的线，然后单击“绘图”工具中的“圆弧”命令 绘制弧线，如图5-1-36所示。

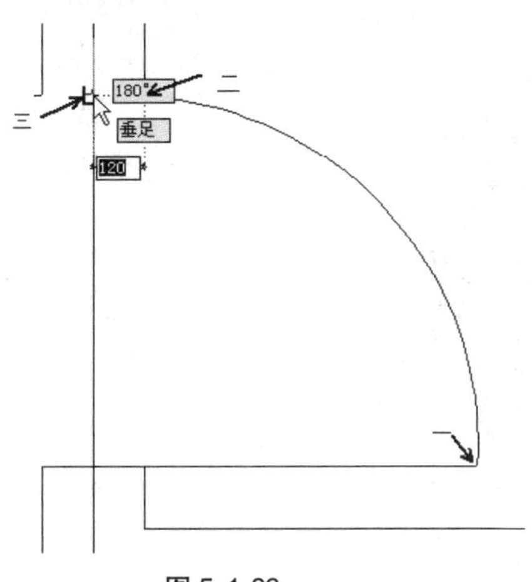


图5-1-36

（2）所有门窗绘制完成后如图5-1-37所示。

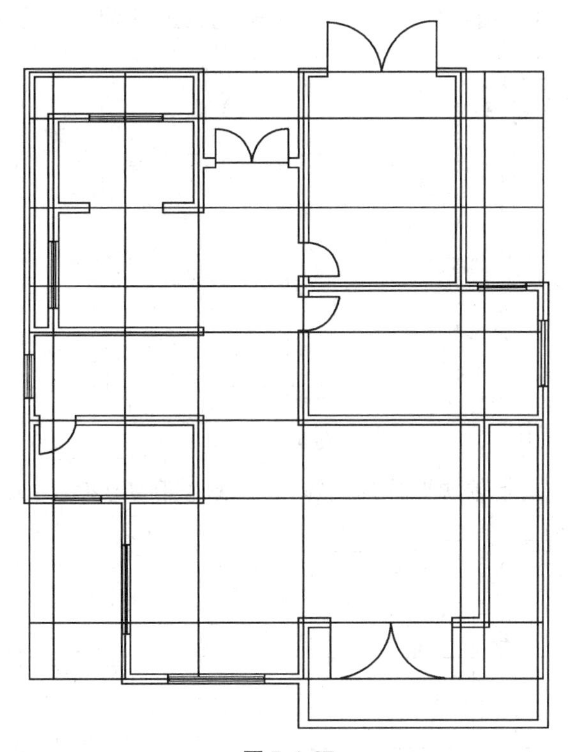

图5-1-37

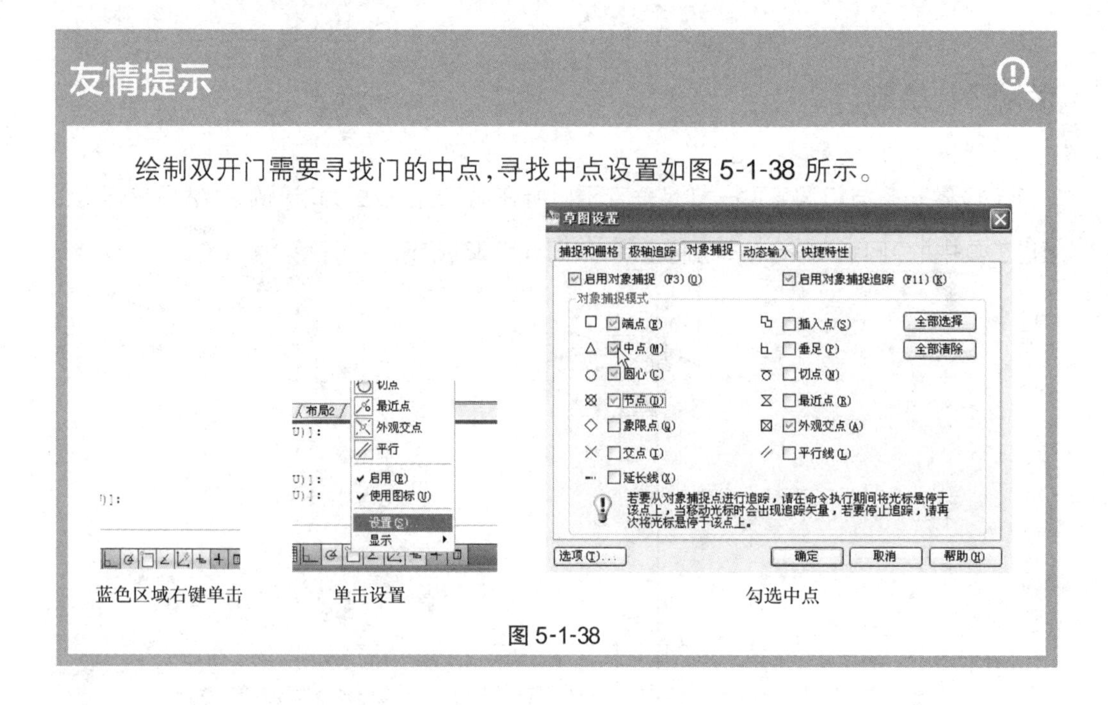


图 5-1-38

## 活动 8　绘制楼梯

（1）根据图纸注释与图纸标注的尺寸，单击“直线”工具，在墙线位置绘制直线作辅助线，如图 5-1-39 所示。

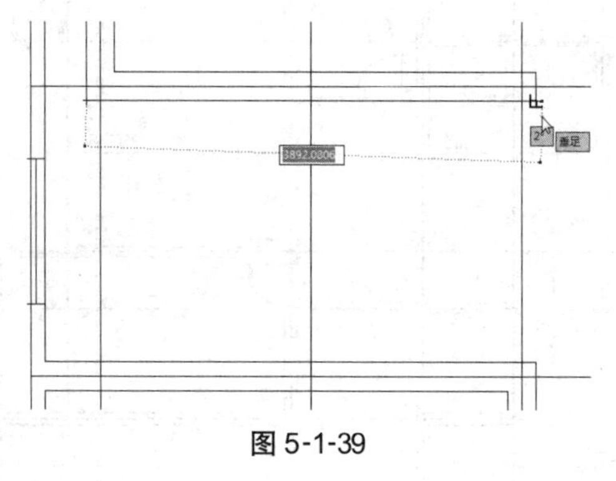


图 5-1-39

（2）使用偏移工具依次偏移辅助线，输入偏移距离 990、180，如图 5-1-40 所示。

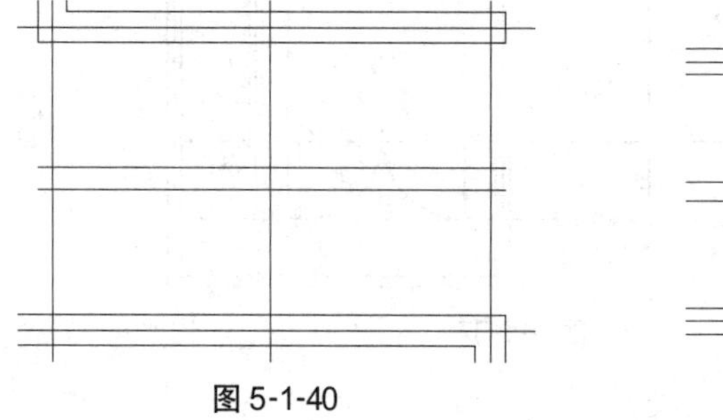

图 5-1-40

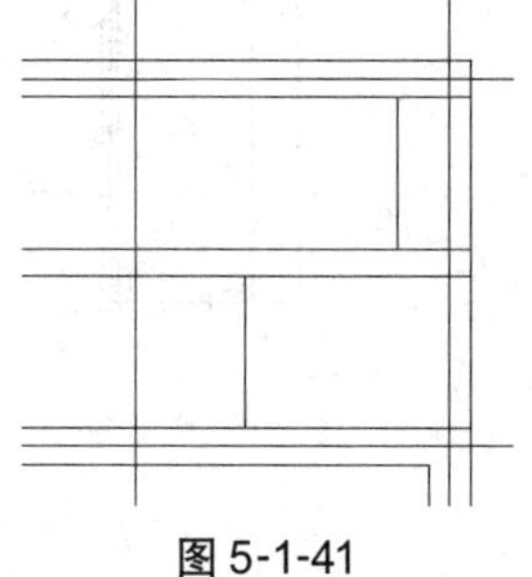

图 5-1-41

（3）做辅助线并向左偏移出第一步踏步，如图 5-1-41 所示，然后根据注释要求和标注尺寸偏移出其他梯步与扶手，如图 5-1-42 所示。

（4）修剪整理，并用直线工具绘制出折断线，如图 5-1-43 所示。

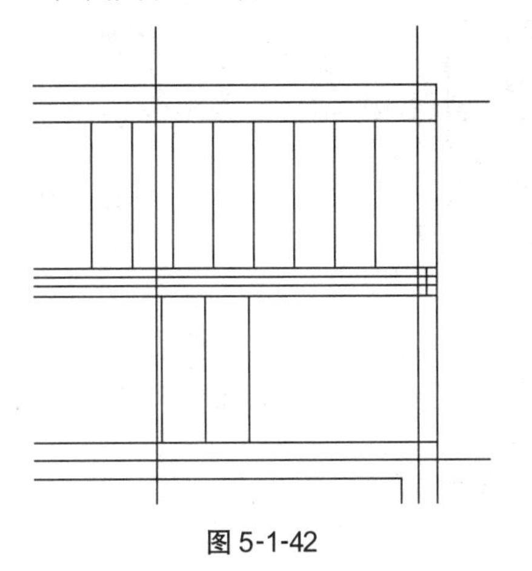

图 5-1-42

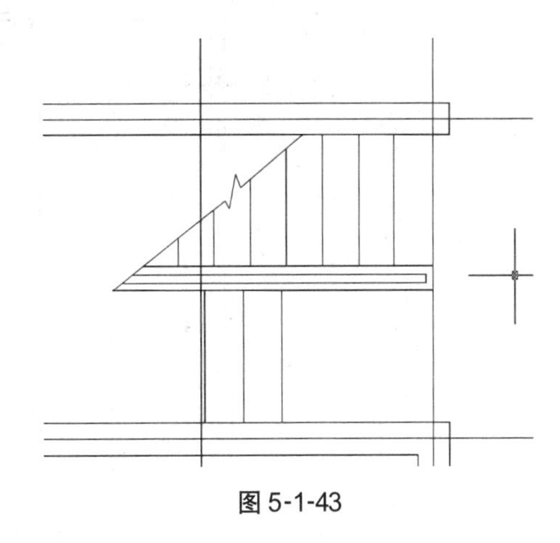

图 5-1-43

## 活动 9　标注

（1）标注前围绕平面图作距墙 1 200 的辅助线，如图 5-1-44 所示。

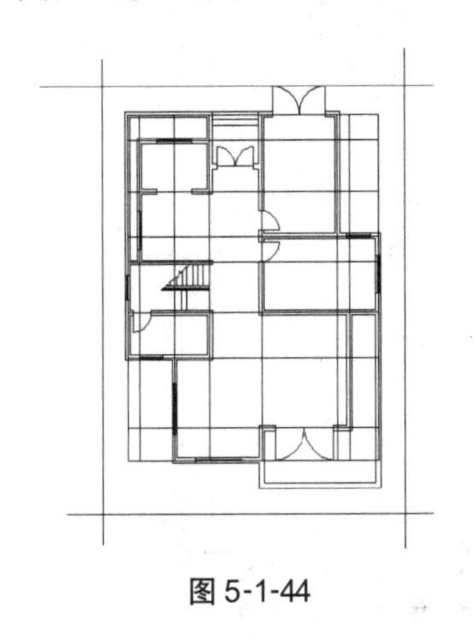

图 5-1-44

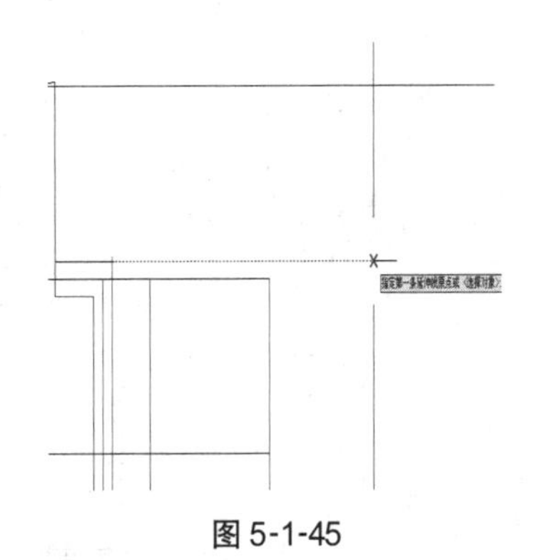

图 5-1-45

（2）单击菜单“标注”→“线性”命令，从墙角拾取点拉到辅助线位置后单击指定的第一点，如图 5-1-45 所示。

（3）用相同的方法从拾取第二点拉到辅助线上并单击鼠标，完成标注，如图 5-1-46 所示。

（4）在标注完一个尺寸后，可使用“标注”菜单中的“连续” 连续(C) 命令绘制同一道尺寸标注，如图

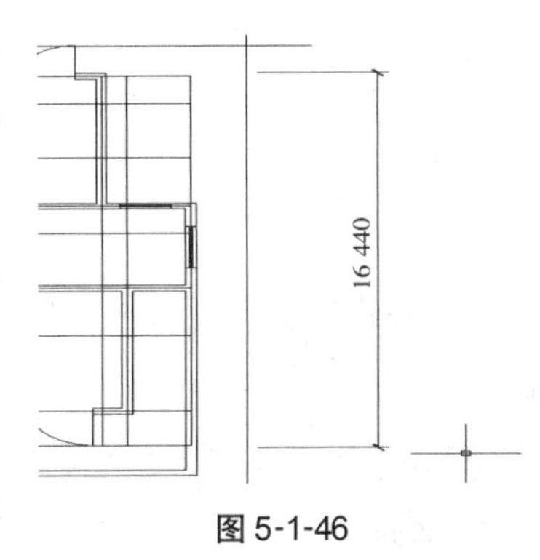


图 5-1-46

5-1-47 所示。注意:第 1 道尺寸标注距离辅助线 1 000,第 2 道尺寸标注距离第 1 道 800,第 3 道也距第 2 道尺寸标注 800。标注完成后如图 5-1-48 所示。

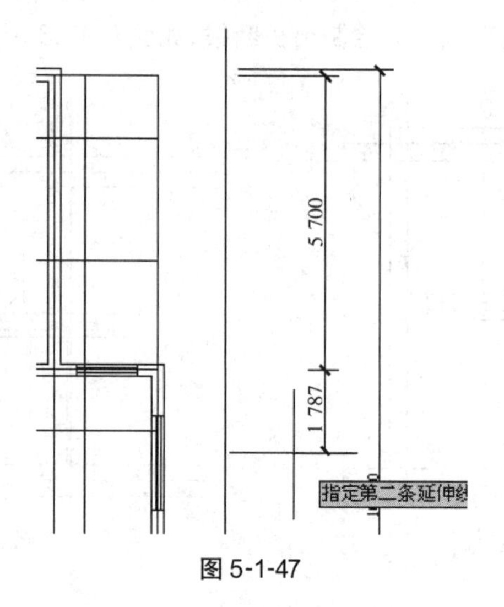


图 5-1-47

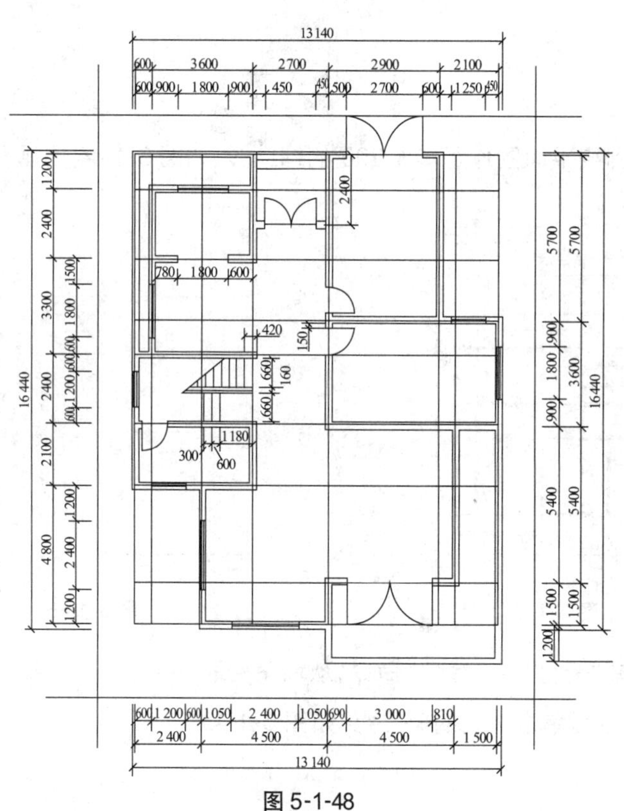


图 5-1-48

(5)单击“绘图”工具栏中的“多行文字”工具 A ,选取位置编辑文字,如图 5-1-49 所示。

标高符号用直线命令绘制,注:正负号需要输入%%P,参照图 5-1-50,完成如图 5-1-51 所示。

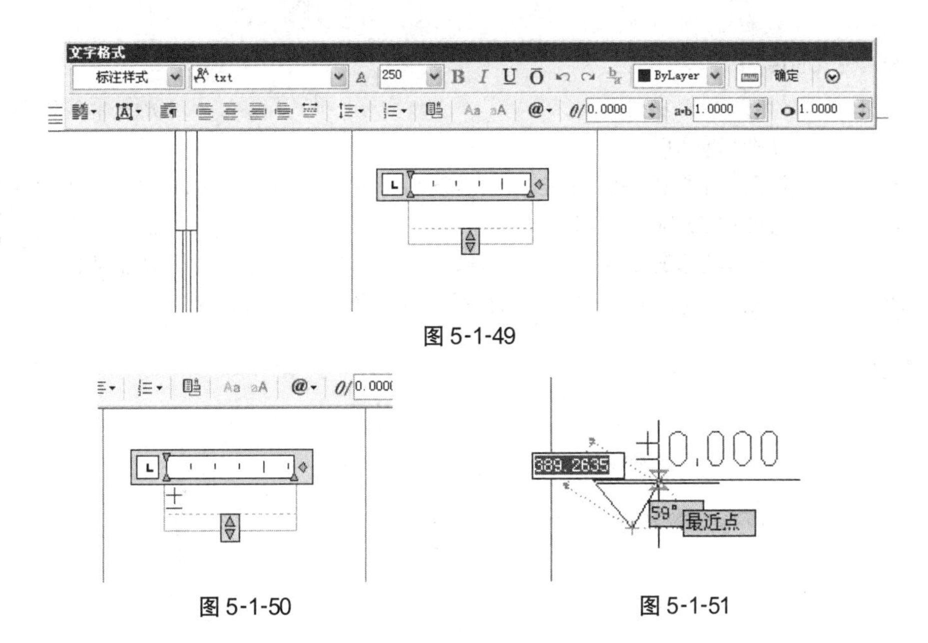


图 5-1-49

图 5-1-50

图 5-1-51

绘制轴线编号。单击“绘图”工具栏中的“圆”命令 ，绘制一个半径为 400 的圆，然后用“单行文字” DT 快捷命令在圆中编写轴线编号，参照命令如下：

命令：dt

TEXT

当前文字样式：“Standard”文字高度:400.0000 注释性：否

指定文字的起点或［对正(J)/样式(S)］:j　　　　//输入 j

［对齐(A)/布满(F)/居中(C)/中间(M)/右对齐(R)/左上(TL)/中上(TC)/右上(TR)/左中(ML)/正中(MC)/右中(MR)/左下(BL)

/中下(BC)/右下(BR)］:mc　　　　//输入 mc

指定文字的中间点：

选择圆心后按“Enter”键输出文字，如图 5-1-52 所示。

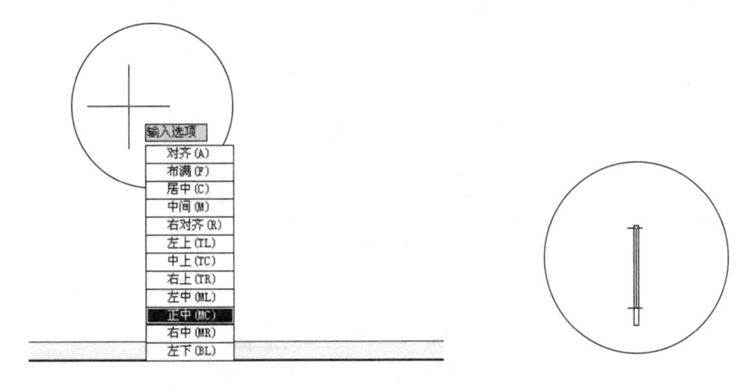


图 5-1-52

（6）单击菜单“绘图”→“多段线”命令，指定第一点后参照命令如下：

```
命令:_pline
指定起点:                                                        //选择绘图起点
当前线宽为 40.0000
指定下一个点或[圆弧(A)/半宽(H)/长度(L)/放弃(U)/宽度(W)]:w      //输入 w
指定起点宽度<40.0000>:40                                         //输入 40
指定端点宽度<40.0000>:0                                          //输入 0
指定下一个点或[圆弧(A)/半宽(H)/长度(L)/放弃(U)/宽度(W)]:
```

如图 5-1-53 所示。

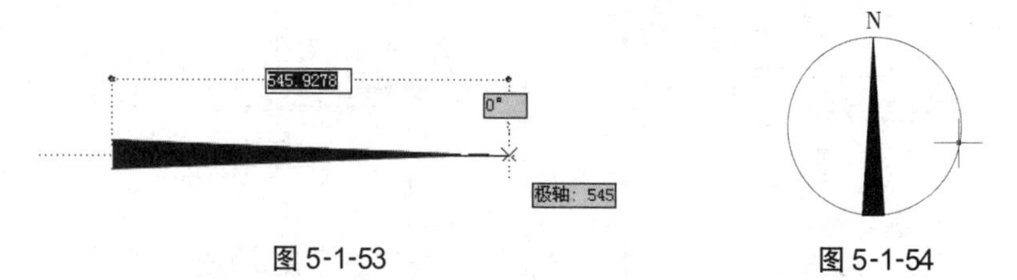


图 5-1-53　　　　图 5-1-54

指北针的圆为 1 200,绘制完成后如图 5-1-54 所示。

(7)完成所有标注后如图 5-1-55 所示。

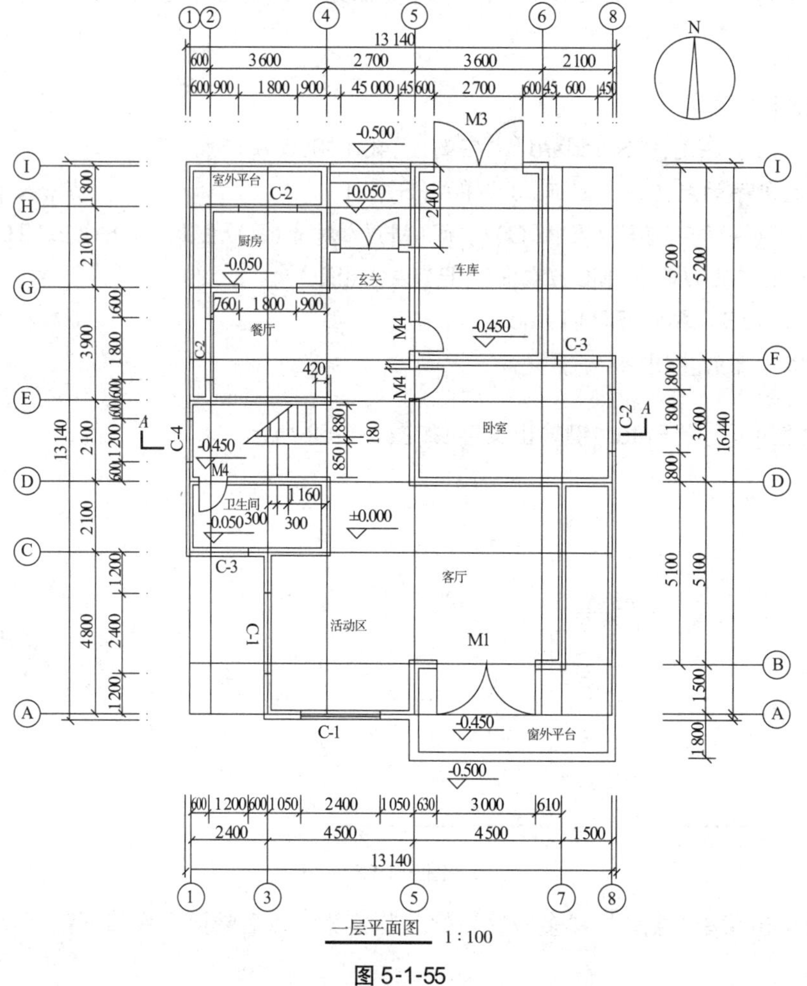


图 5-1-55

**做一做**

绘制平面图5-1-1。

## ▶疑难解答

**问题1:在绘制轴线时偏移不了?**

答:实际上是偏移出了图形界限以外,请检查图形界限的设置。

**问题2:为什么修剪墙线或者其他线时修剪不掉?**

答:首先检查需要修剪的线是否为单线,若不是单线需要分解后修剪。在选取修剪对象后,需要单击右键确认选取对象,然后才能修剪。修剪时需要遵循从外到内的顺序修剪。

**问题3:为什么绘制轴线时,轴线距离很小或很大,与原图不一样?**

答:在绘制轴线时,检查是否双击了鼠标滚轮让整个图形界限全屏到绘图区域。

**问题4:如何把尺寸标注的文字和箭头改大?**

答:在尺寸标注中,如果文字太小,可以在“标注样式管理器”的“文字”选项卡中,对文字的高度进行设置来改变其大小。在“直线和箭头”选项卡中,可以通过改变箭头大小栏的参数来修改箭头大小。

**问题5:为什么对尺寸标注样式进行了替代处理后,之前的尺寸标注却没有变化呢?**

答:在尺寸标注中,要对已经标注好的尺寸样式进行修改,则要单击“标注样式管理器”对话框中的 修改(M)... 按钮,然后进入对话框对各相应的选项进行修改。通过 替代(O)... 按钮对各相应的选项进行修改,不会影响前面的标注。

**问题6:为什么在打字的时候文字会出现横着的?**

答:在选择文字样式时,注意观察在文字样式的前面是否带有@符号,若不带@的 仿宋_GB2312 字体选项就是正常的;若带有@的 @仿宋_GB2312 字体选项就是横过来的。

NO.2 [任务二]

# 绘制剖面图

本任务绘制一张图5-2-1的建筑施工剖面图。

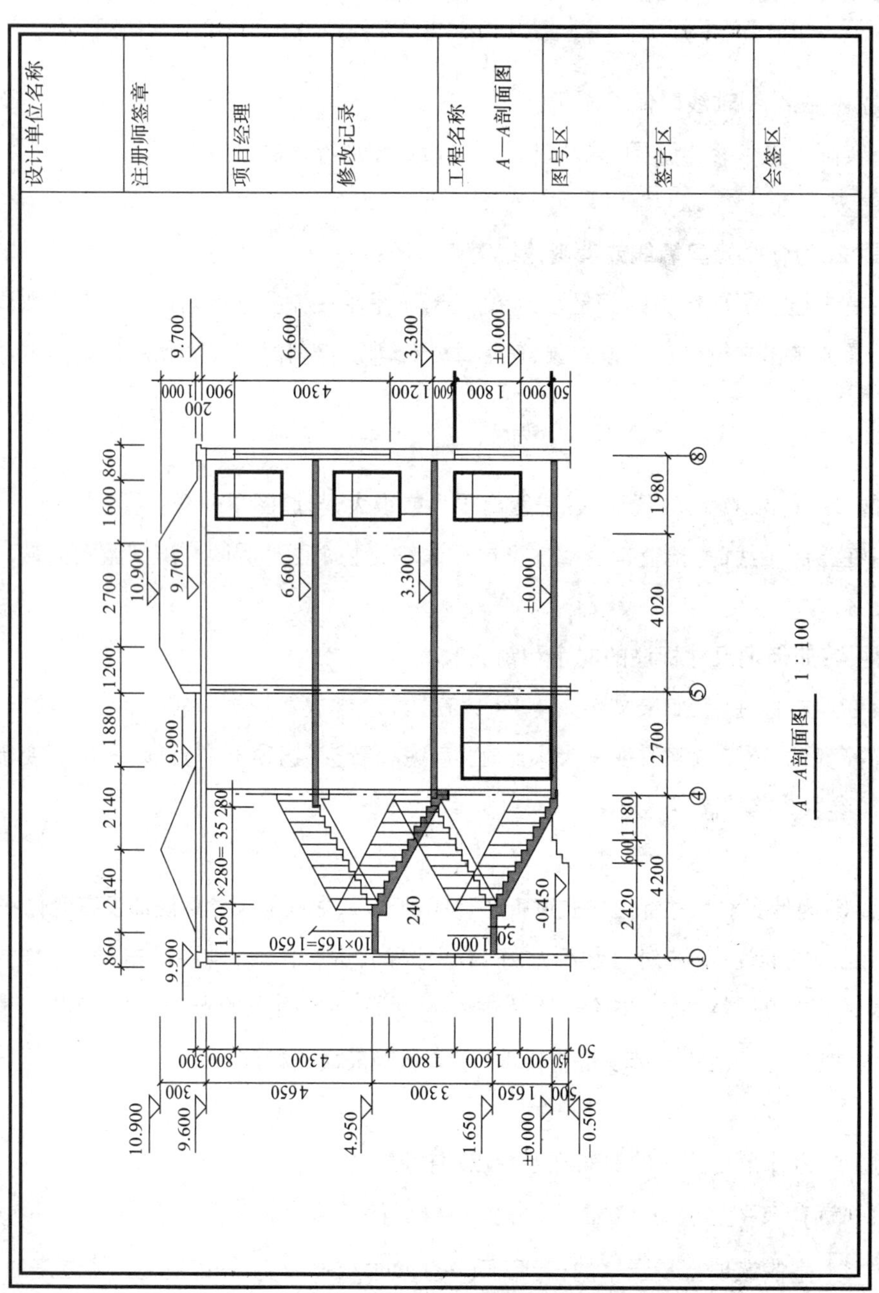

图5-2-1

## 活动 1　绘制剖面墙体

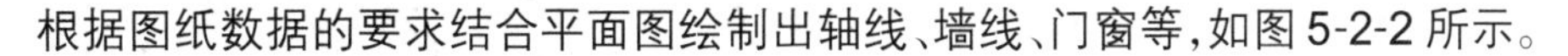

根据图纸数据的要求结合平面图绘制出轴线、墙线、门窗等，如图 5-2-2 所示。

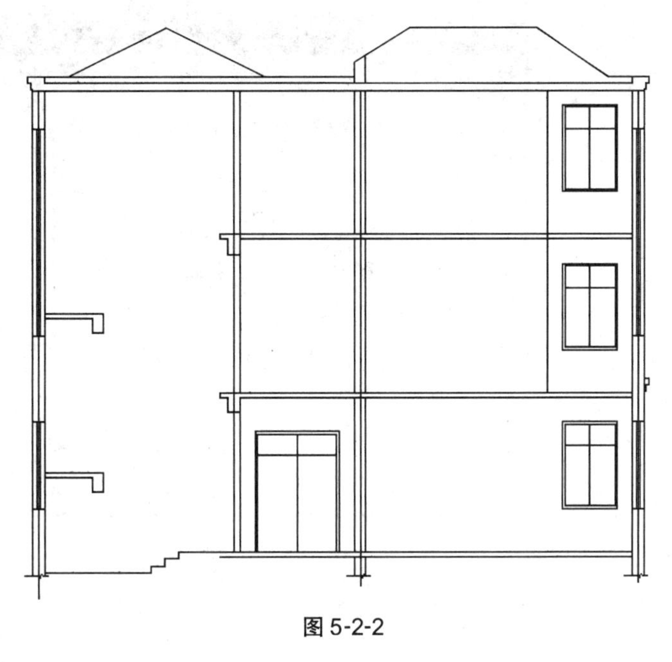

图 5-2-2

## 活动 2　绘制剖面楼梯

(1)用直线命令根据图纸上面的尺寸绘制出一步楼梯(平:280，垂:165)，如图 5-2-3 所示。

(2)在“修改”工具栏中单击“阵列”按钮，在弹出的“阵列”对话框中单击“选择对象”，如图 5-2-4 所示。

图 5-2-3

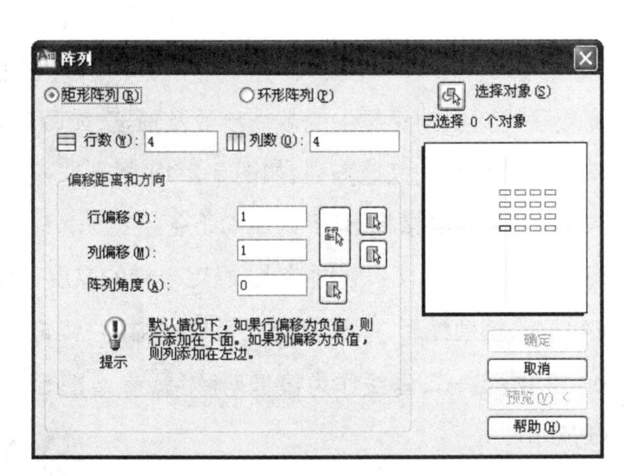


图 5-2-4

选取画好的楼梯,如图 5-2-5 所示。

选取完成后,按“Enter”键回到“阵列”对话框,修改参数行,将行数改为 1,列数改为 10,然后单击“列偏移拾取”按钮,如图 5-2-6 所示。

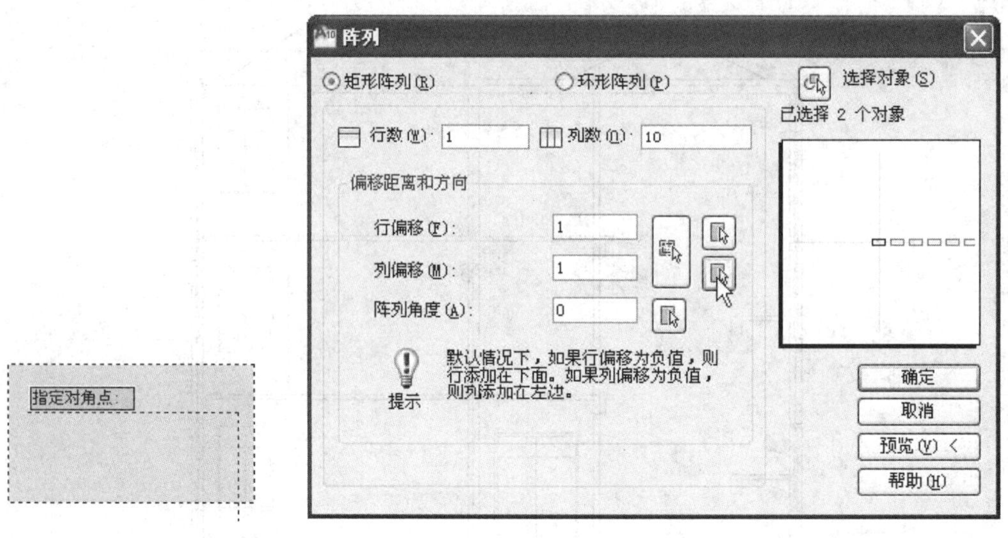


图 5-2-5　　　　图 5-2-6

选取“列偏移”距离,如图 5-2-7 所示。

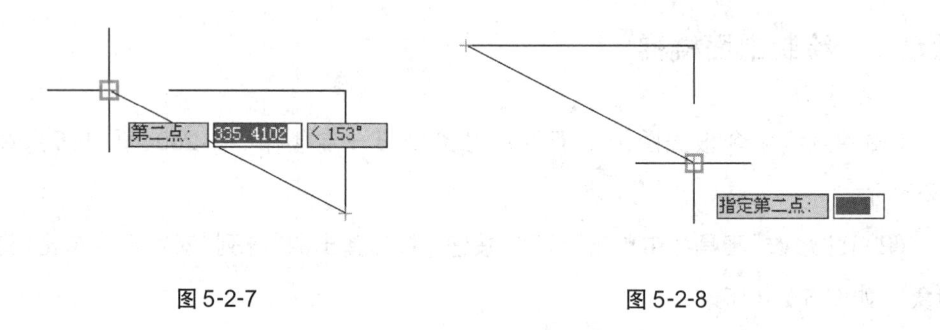


图 5-2-7　　　　图 5-2-8

单击“阵列角度”按钮,选取阵列角度,如图 5-2-8 所示。

完成后“阵列”对话框中的数据参数及预览,如图 5-2-9 所示。

单击“确定”按钮完成阵列,如图 5-2-10 所示。

(3)在绘制好的楼梯上、下两端向下各绘制一条辅助线长度为一个踢面的高(这里为 165),然后连接这两条线的端点,确定楼梯的厚度,参照图 5-2-11。

(4)删除辅助线后,单击“修改”工具栏中的“镜像”命令,选择全部楼梯后并按“Enter”键,指定一条垂线作为镜像对称线,参照图 5-2-12,然后再按“Enter”键,如图 5-2-13 所示。

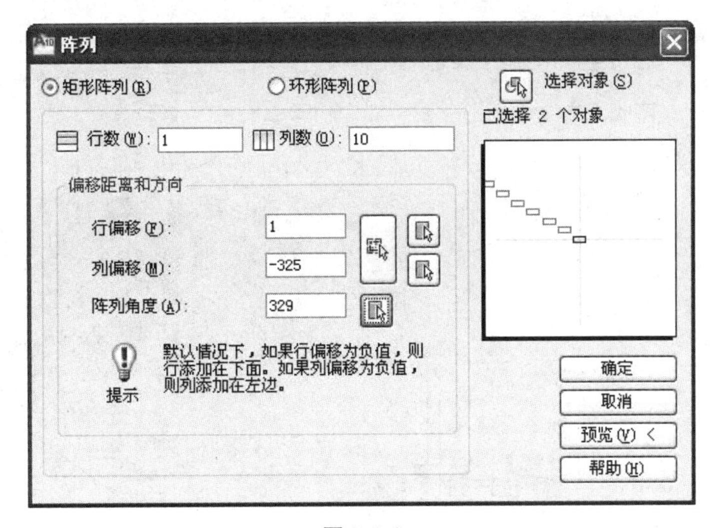


图 5-2-9

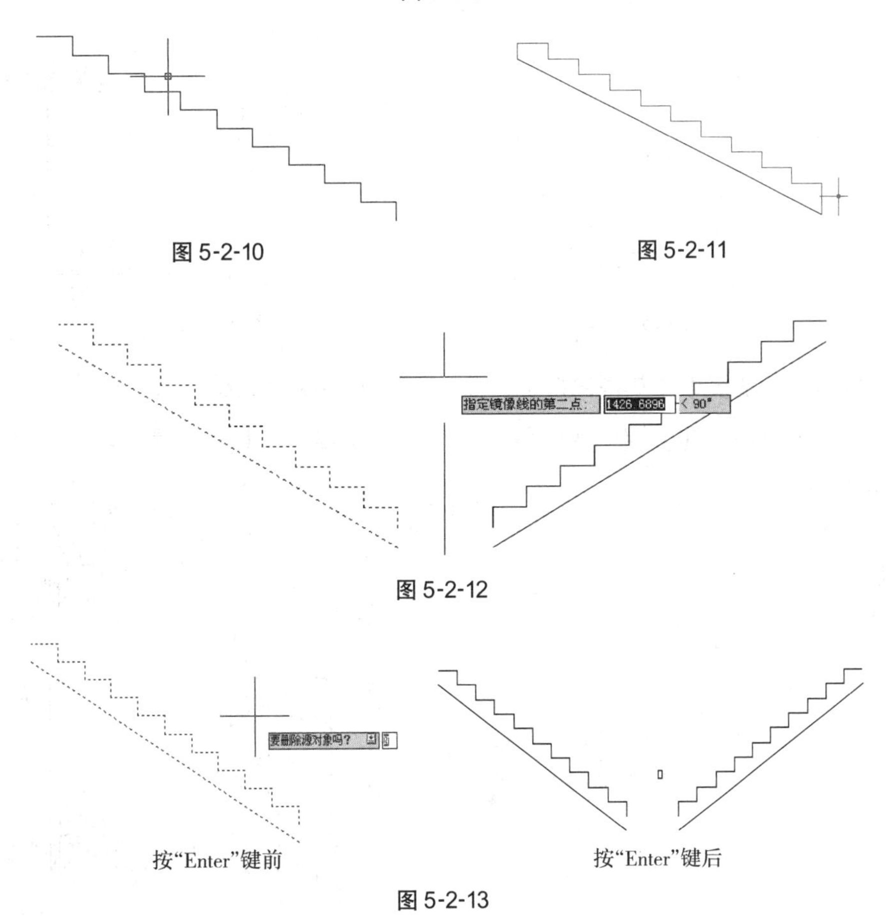


图 5-2-10

图 5-2-11

图 5-2-12

按“Enter”键前

按“Enter”键后

图 5-2-13

（5）选取楼梯，右击鼠标，在弹出的快捷菜单中选择“移动” 移动(M) 命令，移动楼梯，参照图 5-2-14。

（6）将整个楼梯移动到休息平台，参照图 5-2-15。

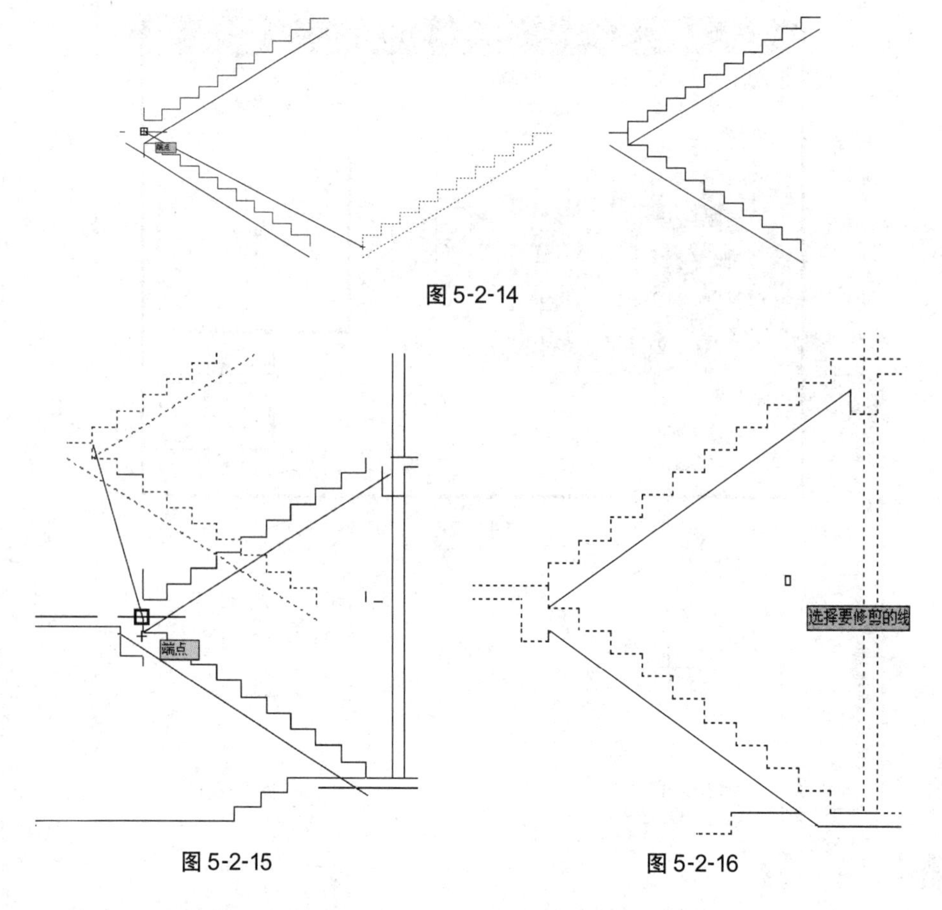


图 5-2-14

图 5-2-15

图 5-2-16

（7）根据图纸要求修剪楼梯多余的线条，参照图 5-2-16。

（8）单击“修改”工具栏中的“复制”工具 ，选择整个楼梯后复制到上一层楼，参照图 5-2-17。

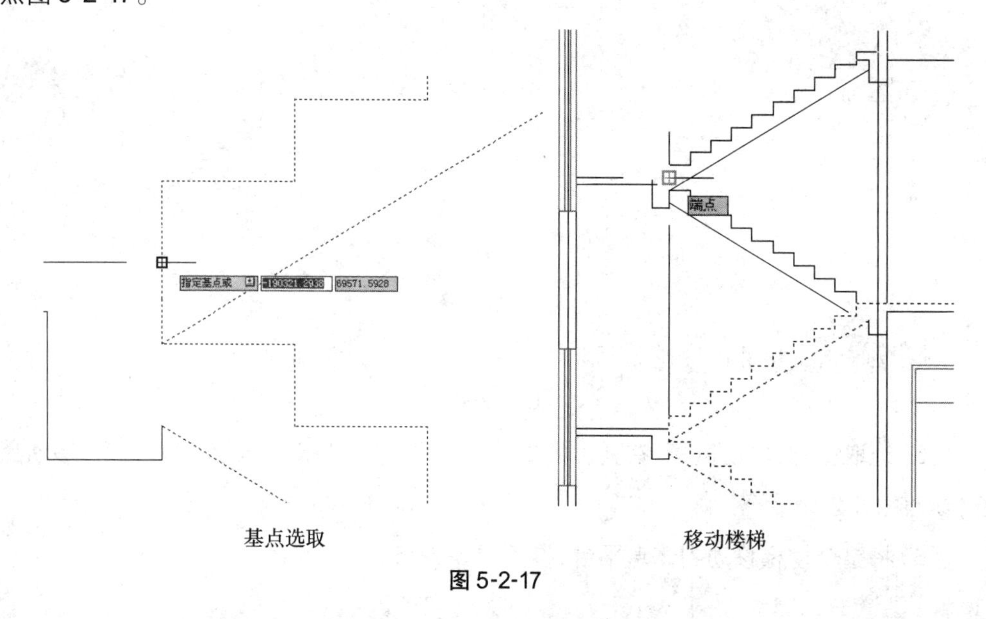


基点选取　　　　移动楼梯

图 5-2-17

## 活动3　材质填充

（1）在图层中新建一个填充图层置为当前，根据图纸要求修剪整理后单击“绘图”工具栏中的“图案填充”工具，在弹出的“图案填充与渐变色”对话框中单击“添加：拾取点” 添加:拾取点 按钮，选取填充区域，参照图5-2-18。

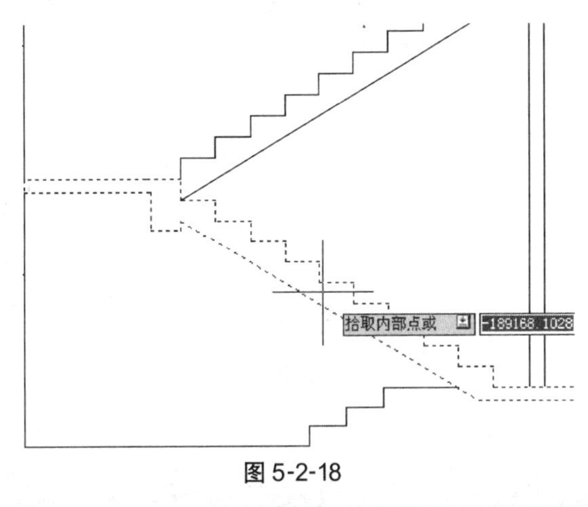


图5-2-18

**友情提示**

如果在拾取内部点时选取不到，检查需要填充的区域是否封闭完整，或者用直线命令将需要填充的区域周围画一次后用 添加:选择对象 沿着填充区域边线逐一选择。

（2）在“图案填充与渐变色”对话框中单击 按钮，在弹出的“填充图案选项板”中选择所需要的材质沙与石子，如图5-2-19所示。

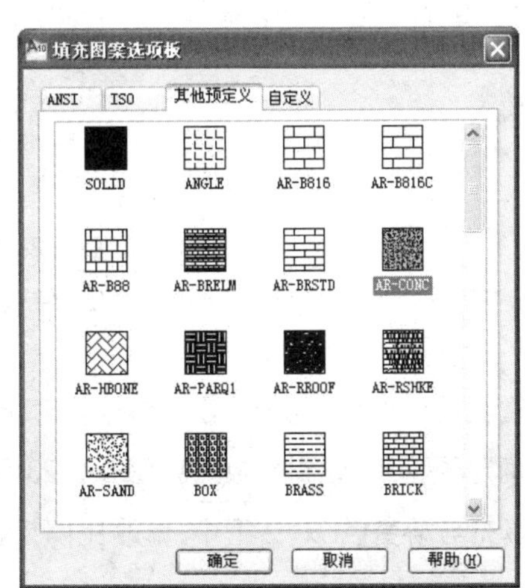


图5-2-19

（3）确定后预览材质正确就单击右键确定，如图 5-2-20 所示。

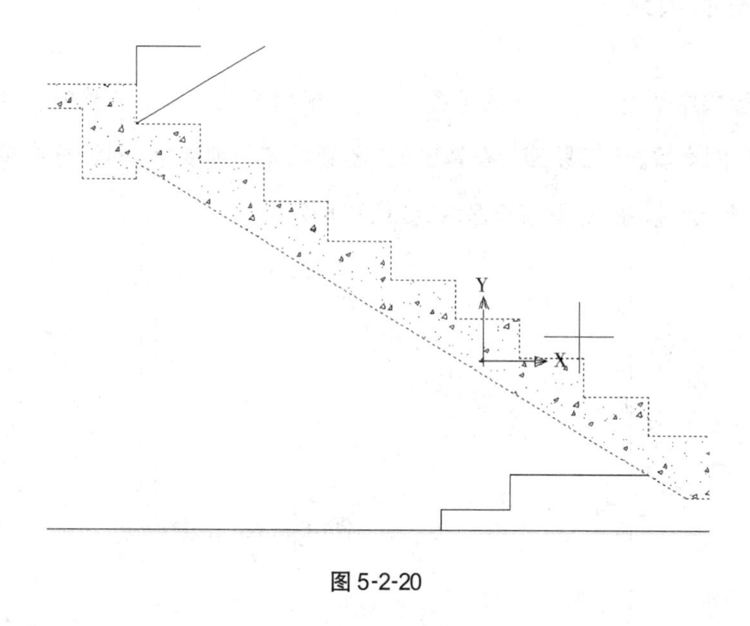


图 5-2-20

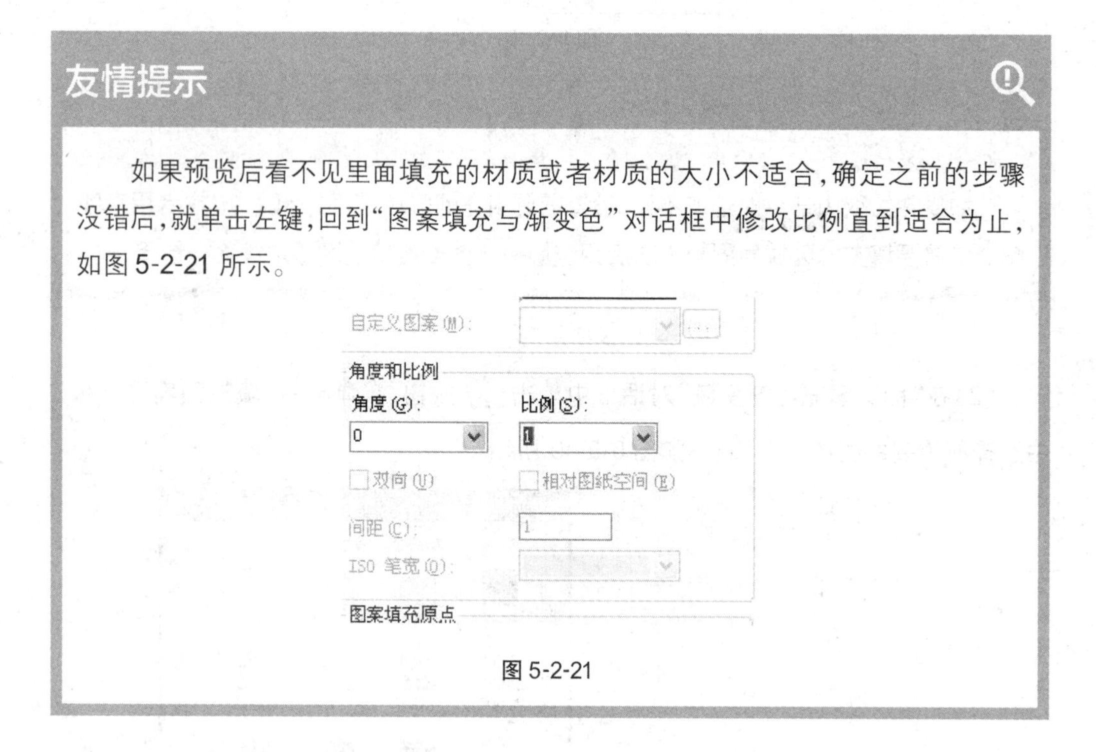

## 友情提示

如果预览后看不见里面填充的材质或者材质的大小不适合，确定之前的步骤没错后，就单击左键，回到“图案填充与渐变色”对话框中修改比例直到适合为止，如图 5-2-21 所示。



图 5-2-21

（4）重复前（1）、（2）步骤，在材料选择时选取斜线表示钢筋，如图 5-2-22 所示。

（5）确定预览后，看到的效果如图 5-2-23 所示。由于比例不符合要求，单击左键回到“图案填充与渐变色”对话框中，修改比例为 20 后，效果如图 5-2-24 所示。

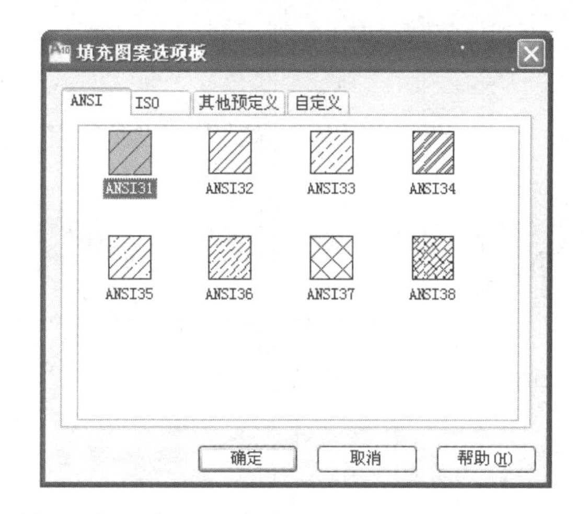


图 5-2-22

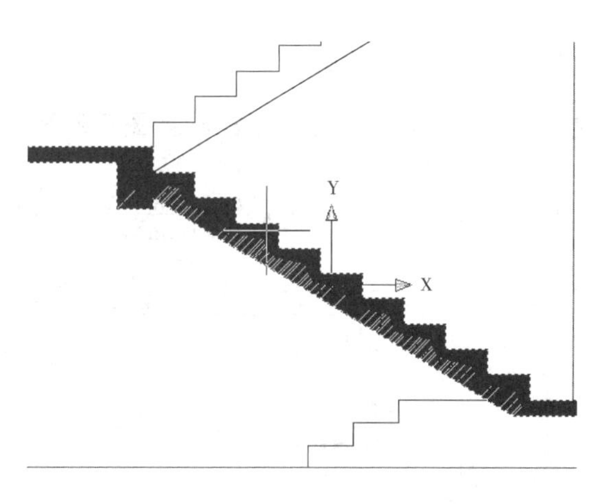


图 5-2-23

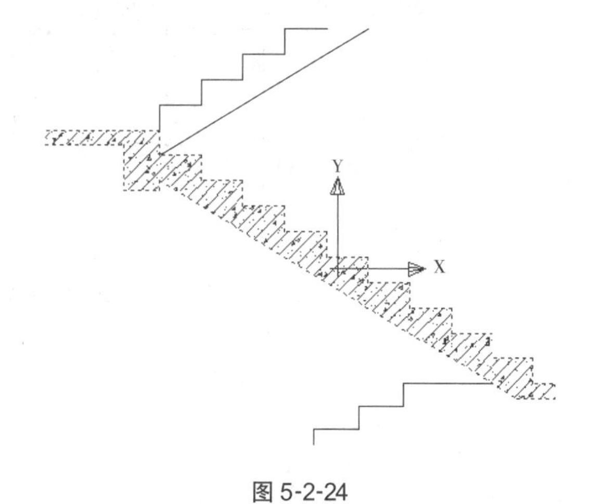


图 5-2-24

修改完成后按“Enter”键或者单击右键确定，完成填充如图 5-2-25 所示。

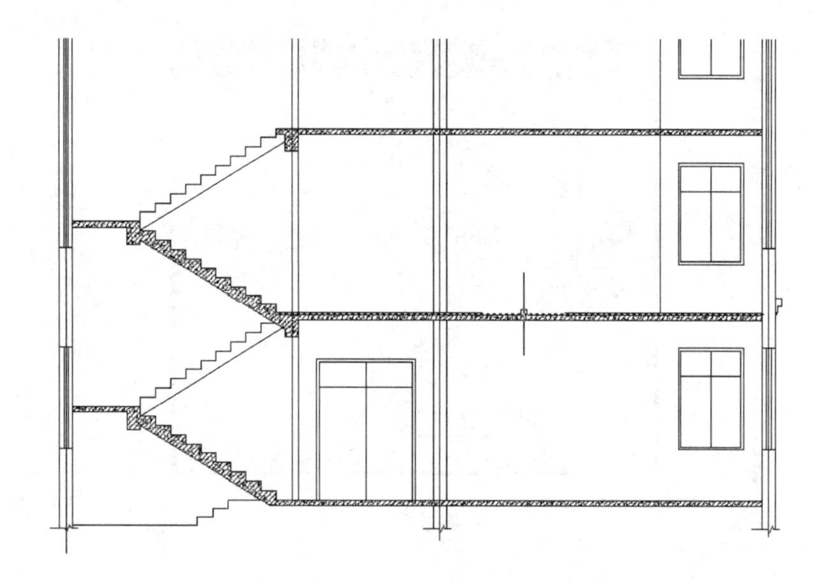

图 5-2-25

（6）用直线绘制楼梯扶手，修剪整理后完成图纸，如图 5-2-26 所示。

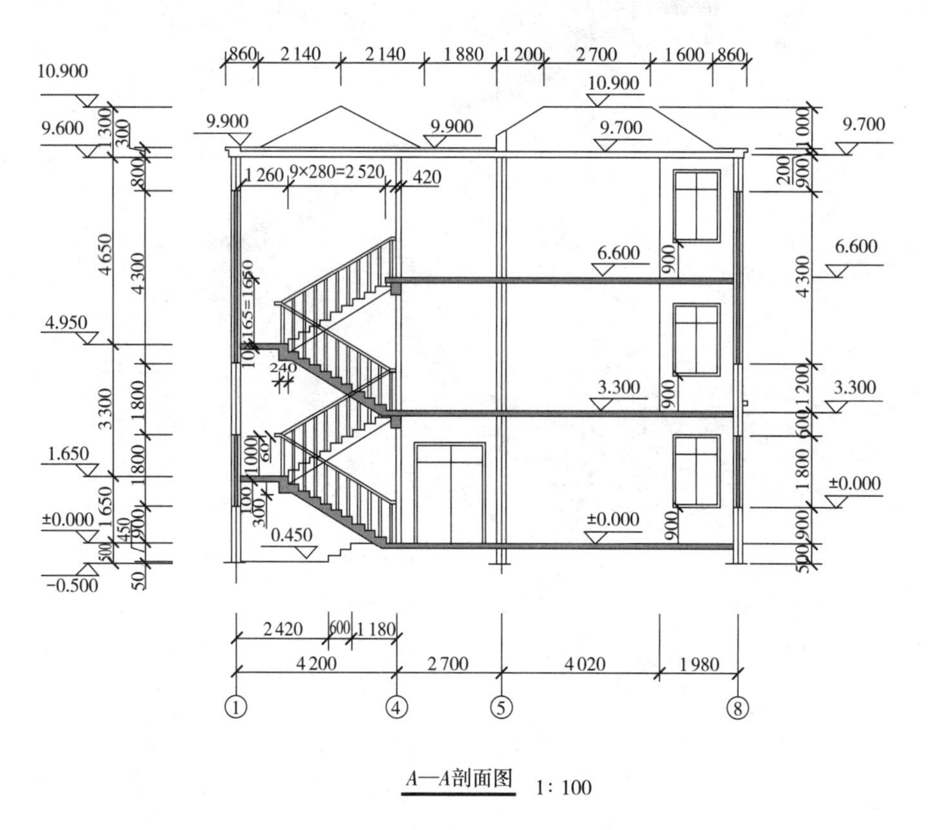


图 5-2-26

## 做一做

绘制图 5-2-1，拓展作业绘制立面图 5-2-27。

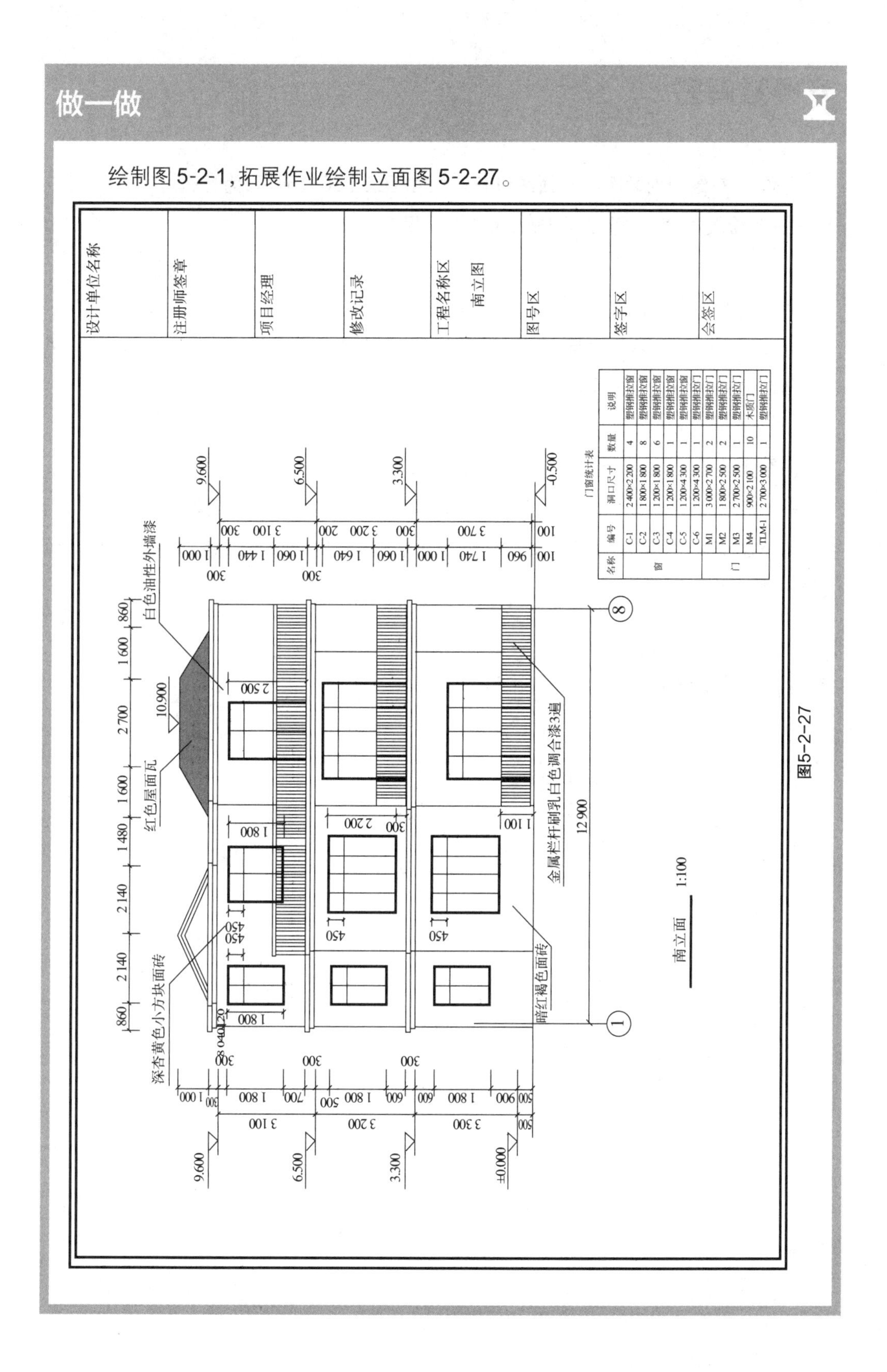


门窗统计表

| 名称 | 编号 | 洞口尺寸 | 数量 | 说明 |
|---|---|---|---|---|
| 窗 | C-1 | 2 400×2 200 | 4 | 塑钢推拉窗 |
| | C-2 | 1 800×1 800 | 8 | 塑钢推拉窗 |
| | C-3 | 1 200×1 800 | 6 | 塑钢推拉窗 |
| | C-4 | 1 200×1 800 | 1 | 塑钢推拉窗 |
| | C-5 | 1 200×4 300 | 1 | 塑钢推拉窗 |
| | C-6 | 1 200×4 300 | 1 | 塑钢推拉门 |
| 门 | M1 | 3 000×2 700 | 2 | 塑钢推拉门 |
| | M2 | 1 800×2 500 | 2 | 塑钢推拉门 |
| | M3 | 2 700×2 500 | 1 | 塑钢推拉门 |
| | M4 | 900×2 100 | 10 | 木质门 |
| | TLM-1 | 2 700×3 000 | 1 | 塑钢推拉门 |

图5-2-27

## ▶疑难解答

**问题1:在绘制剖面图与立面图时有些尺寸图纸上没有显示,为什么?**

答:在绘图时,剖面图、立面图的尺寸要互相参照。

**问题2:阵列时为什么得不到我们想要的形状?**

答:阵列的列偏移、行偏移、角度偏移在选择点的顺序不同时偏移的方向就不同,多注意预览框中的图形是否是你需要的,如果不需要可以交换偏移时拾取点的顺序。

**问题3:为什么在移动某个部件时放过去的位置都合不上?**

答:移动部件时,所选取的移动基点要比较特殊,以方便定位。比如,角点、中点、交点或者特定距离(作条辅助线交叉及交点)。以这些特殊的位置或点作为基点移动时放置构件就能合上。

## ▶作业与考核

绘制图5-2-28—图5-2-30。

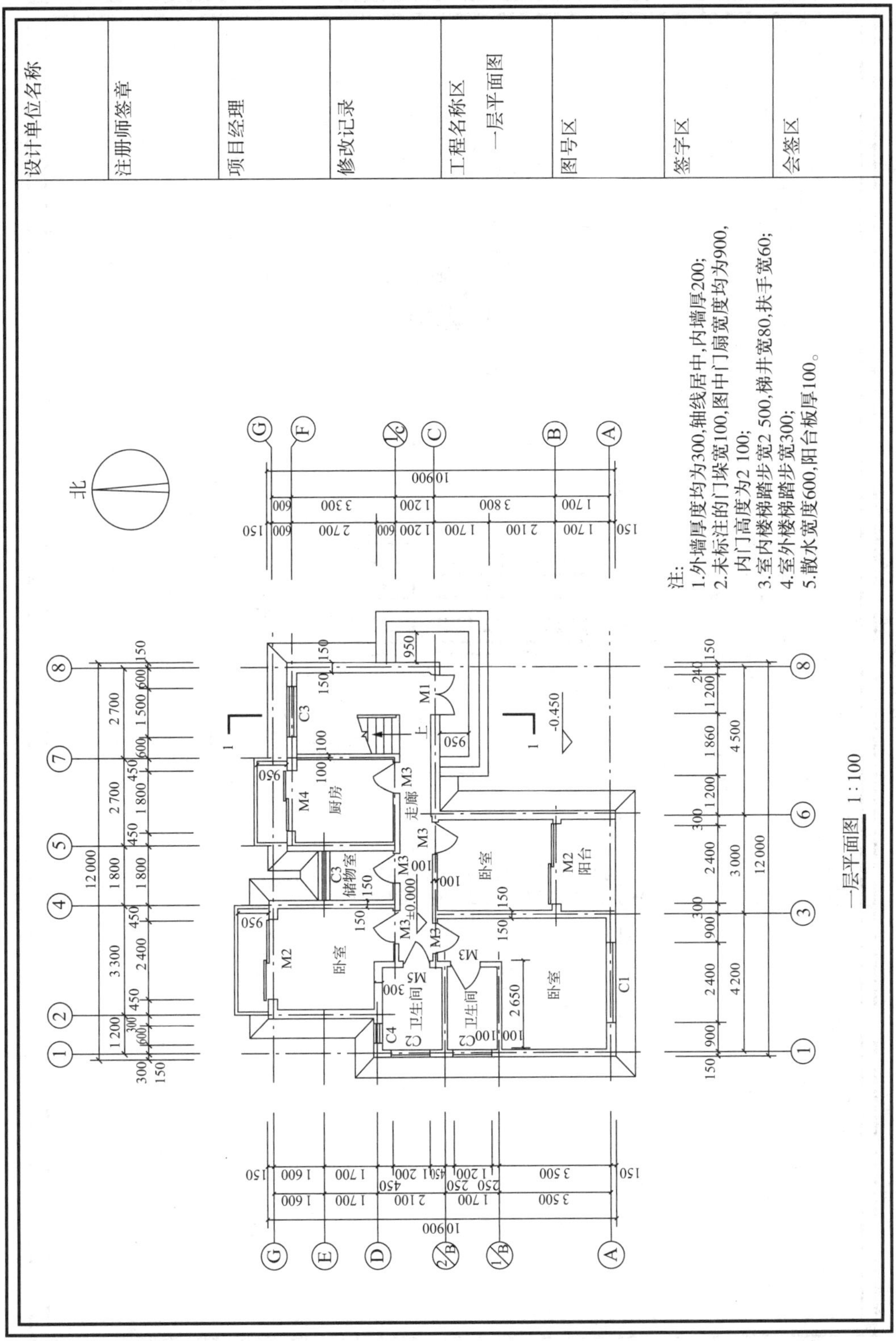
设计单位名称
注册师签章
项目经理
修改记录
工程名称区
一层平面图
图号区
签字区
会签区
北
一层平面图 1:100
卧室
厨房
储物室
走廊
卫生间
阳台
上
±0.000
-0.450
注:
1.外墙厚度均为300,轴线居中,内墙厚200;
2.未标注的门垛宽100,图中门扇宽度均为900,内门高度为2 100;
3.室内楼梯踏步宽2 500,梯井宽80,扶手宽60;
4.室外楼梯踏步宽300;
5.散水宽度600,阳台板厚100。

图5-2-28

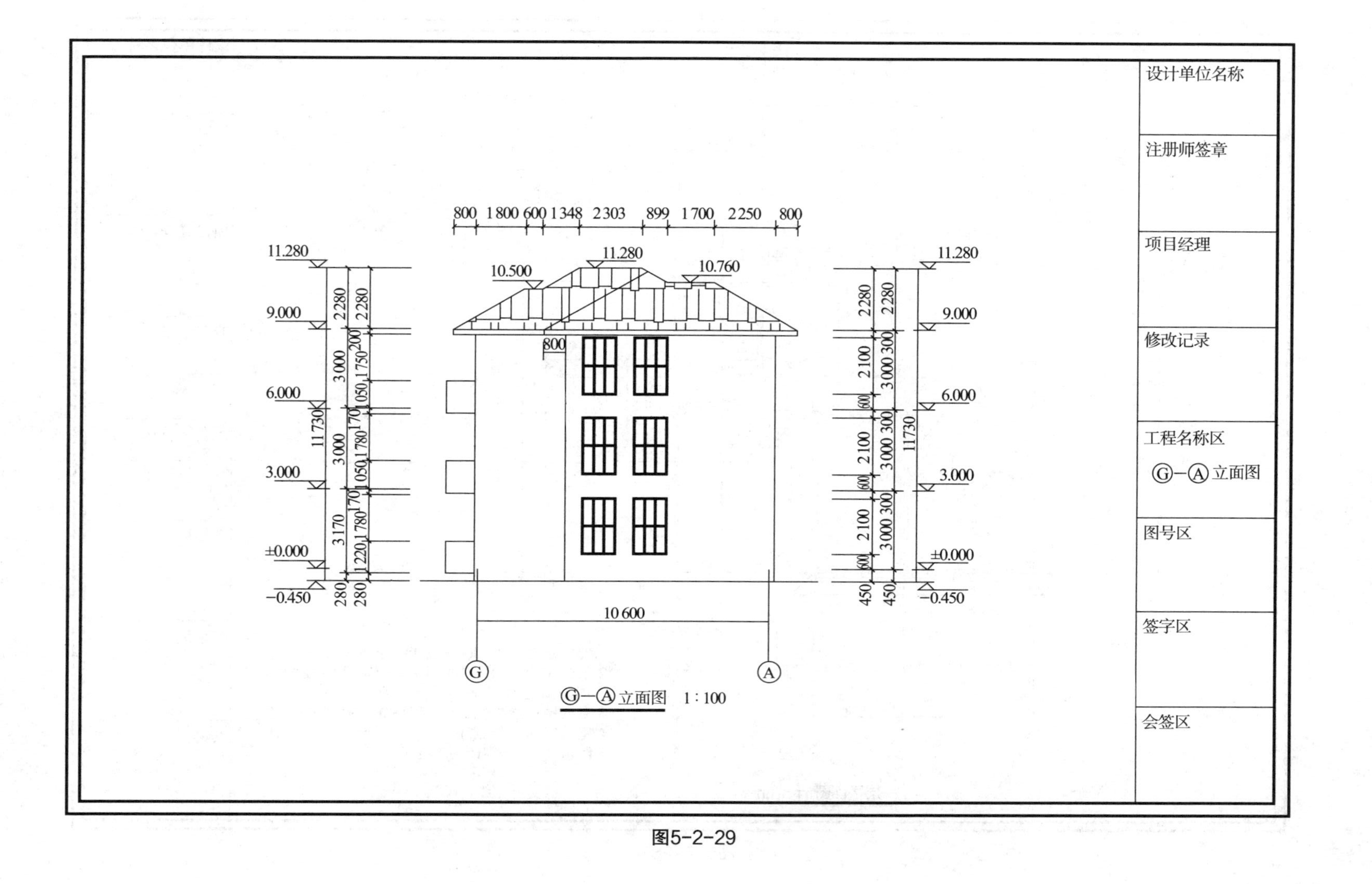
800 1 800 600 1 348 2 303 899 1 700 2 250 800
11.280
10.500
10.760
9.000
6.000
3.000
±0.000
−0.450
11730
10 600
Ⓖ—Ⓐ立面图 1 : 100
设计单位名称
注册师签章
项目经理
修改记录
工程名称区
Ⓖ—Ⓐ立面图
图号区
签字区
会签区

图5-2-29

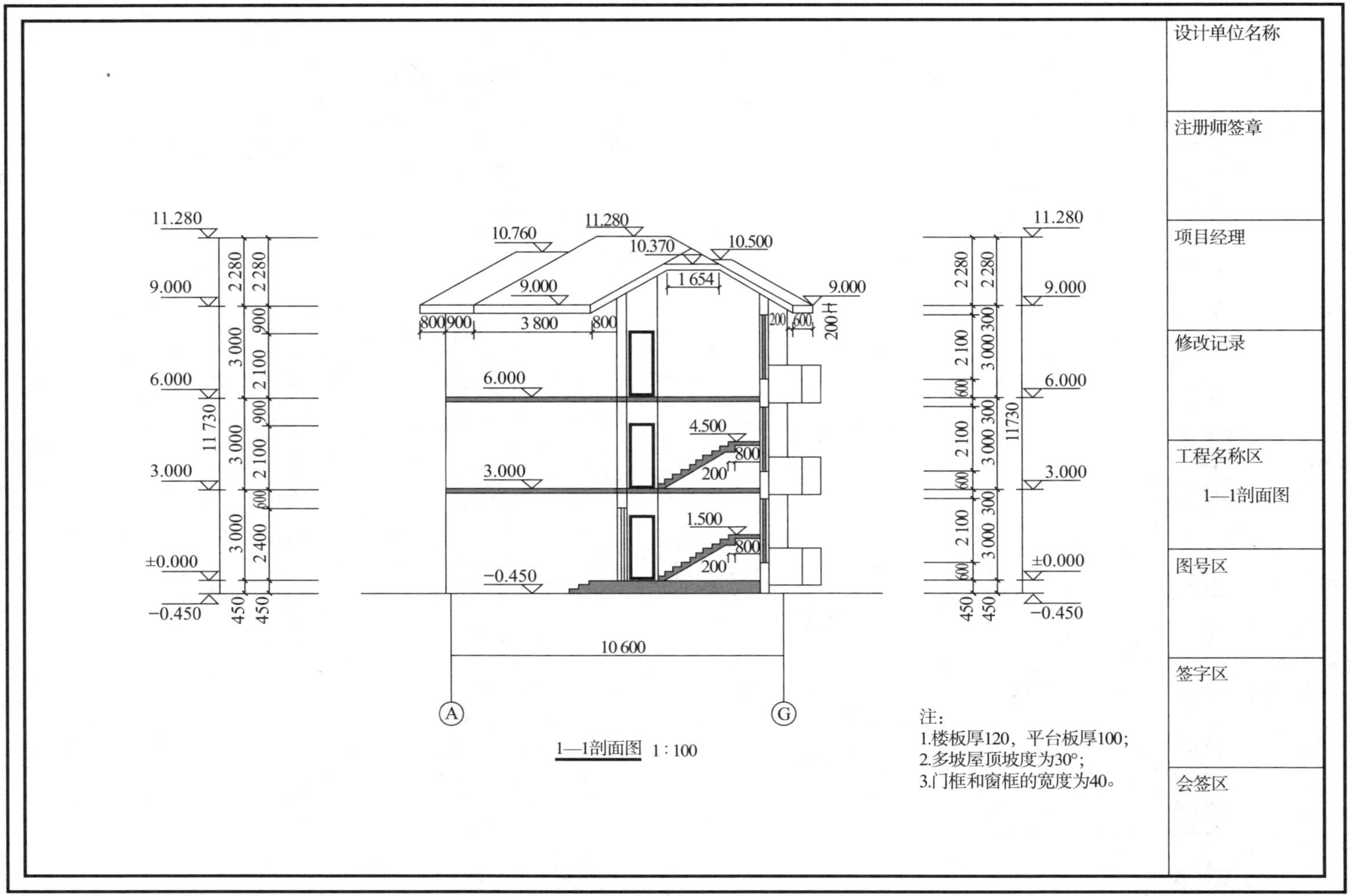

设计单位名称

注册师签章

项目经理

修改记录

工程名称区

1—1剖面图

图号区

签字区

会签区

1—1剖面图 1∶100

注：
1.楼板厚120，平台板厚100；
2.多坡屋顶坡度为30°；
3.门框和窗框的宽度为40。

图5-2-30

# 模块六 / 绘制简单的三维图形

绘制三维图形是 AutoCAD 的强大功能之一，本模块学习一些简单的三维实体的绘制，掌握三维实体的基本绘制方法，让读者直观领略 AutoCAD 的神奇，从而激发大家继续向更高目标学习的兴趣和动力。

具体任务：

+ 绘制简单的三维图形。
+ 绘制简单的实体。

NO.1

[任务一]

# 绘制简单的三维图形

在本任务中，将在介绍标准视图的基础上，学习绘制简单的标准三维实体，包括长方体、球体、圆柱体、圆锥体。

## 活动1 选择视图

AutoCAD 提供了 10 个视图，可以使用两种方法来选择：

（1）单击“视图”→“三维视图”命令，然后如图 6-1-1 所示的选择。

图 6-1-1

（2）通过“视图工具栏”，如图 6-1-2 所示。

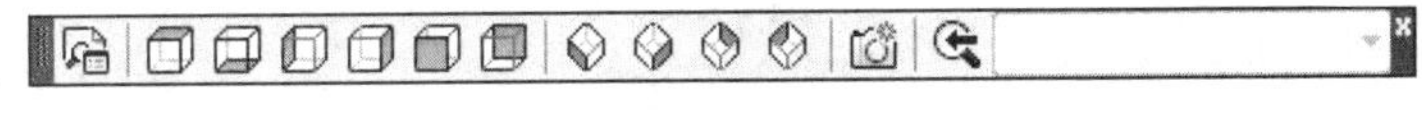

图 6-1-2

### 友情提示

AutoCAD 提供了 4 种等轴测，可以根据自己习惯任意选择一种等轴测。为了便于介绍，以后的内容都选择西南等轴测。

## 活动2　绘制长方体

绘制如图6-1-3所示的长方体。

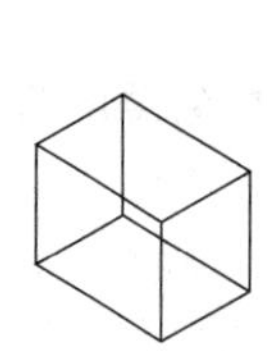
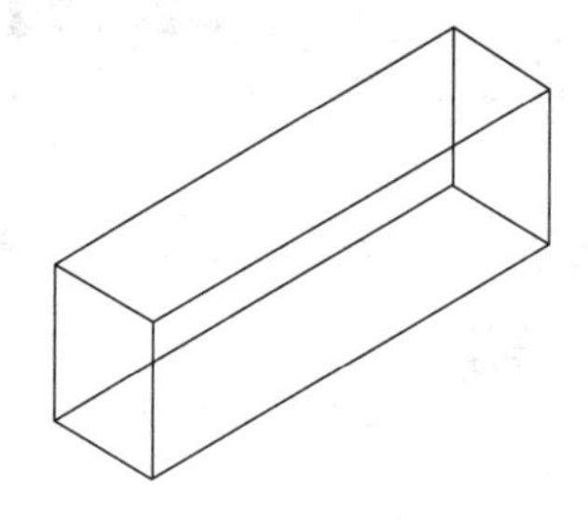

图6-1-3

启动长方体命令有如下3种方法：

（1）菜单命令："绘图"→"建模"→"长方体"。

（2）建模工具栏：选择长方体，如图6-1-4所示。

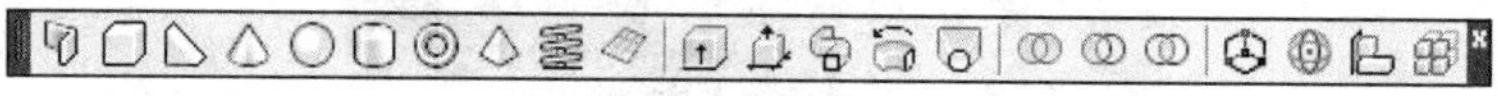

图6-1-4

（3）命令：Box。

执行长方体命令后，系统提示如下信息，如图6-1-5所示。

①指定第一个角点或[中心(C)]：　　//指定长方体底面第一个角点

②指定其他角点或[立方体(C)/长度(L)]：　　//指定长方体底面第二个角点

③指定高度或[两点(2P)]<20.0000>：　　//输入长方体的高度

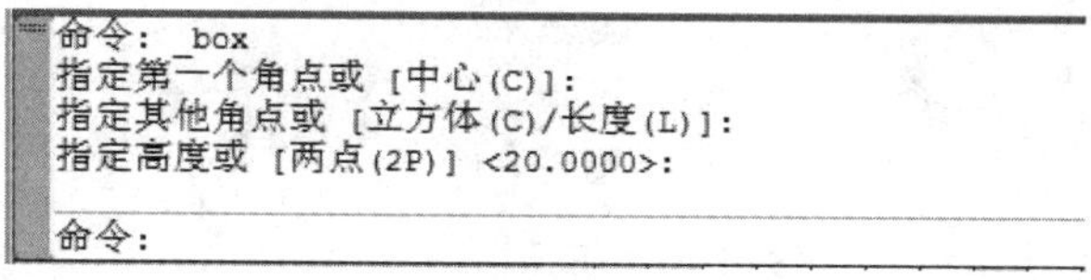

```
命令： _box
指定第一个角点或 [中心(C)]:
指定其他角点或 [立方体(C)/长度(L)]:
指定高度或 [两点(2P)] <20.0000>:

命令:
```

图6-1-5

按照提示输入即可绘制出长方体。

### 友情提示

中心点：以中心点位置作为基准创建长方体。

立方体：用于绘制立方体。

长度：用于通过指定长、宽、高绘制长方体。

视觉样式工具栏

为提高观察效果，增强立体感，在绘图三维实体时，我们常常利用二维线框及真实视觉样式来观察实体的结构。二维线框可以暂时隐藏位于实体背后被遮挡的轮廓线，着色会将物体的各个面用单一颜色填充成明暗相间的逼真效果，如图6-1-6所示，视觉样式工具栏如图6-1-7所示。

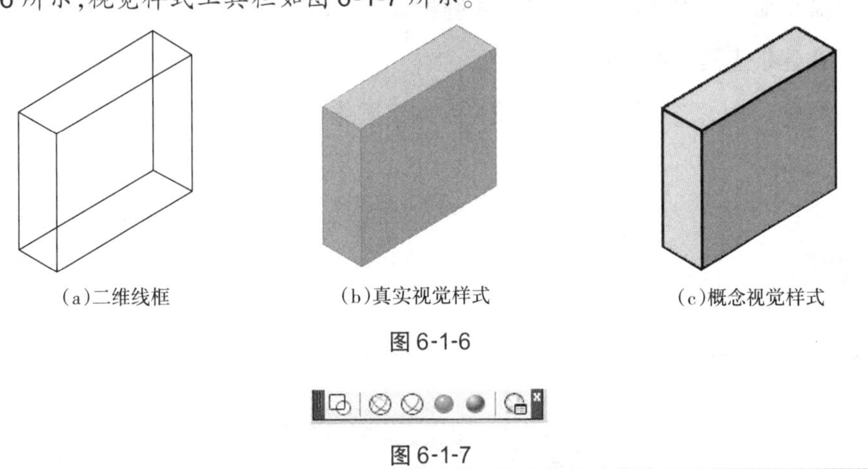

(a)二维线框　(b)真实视觉样式　(c)概念视觉样式

图6-1-6

图6-1-7

## 做一做

绘制一长方体(长、宽、高分别为30、20、15)和立方体(边长为30)，并填充为黄色。

## 活动3　绘制球体

启动球体命令有如下3种方法：

(1)菜单命令："绘图"→"建模"→"球体"。

(2)在如图6-1-8所示的建模工具栏中选择球体。

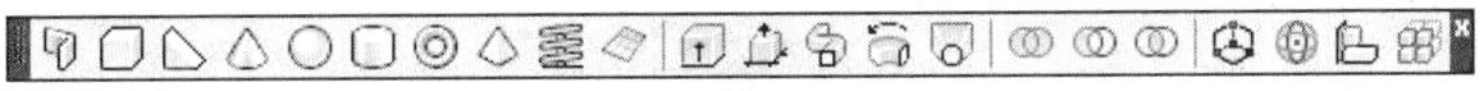

图6-1-8

(3)命令：sphere。按照提示输入即可绘制出球体。

## 活动4　绘制圆柱体

启动圆柱体命令有如下3种方法：

(1)菜单命令："绘图"→"建模"→"圆柱体"。

(2)在建模工具栏中选择圆柱体。

（3）命令：cylinder。按照提示输入即可绘制出圆柱体。

## 活动5　绘制圆锥体

启动圆锥体命令有如下3种方法：

（1）菜单命令："绘图"→"建模"→"圆锥体"。

（2）在建模工具栏中选择圆锥体 。

（3）命令：cone。按照提示输入即可绘制出圆锥体。

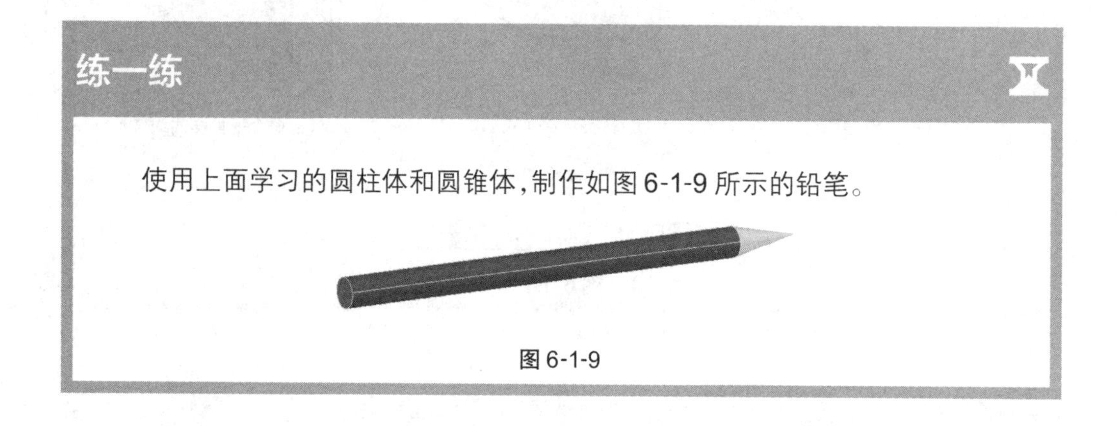

练一练

使用上面学习的圆柱体和圆锥体，制作如图6-1-9所示的铅笔。

图6-1-9

NO.2

［任务二］

# 绘制较复杂的三维实体

在本任务中，将用面域、拉伸、差集、三维旋转、三维坐标转换等工具绘制较复杂的图形，具体过程参照以下步骤。

（1）新建一文档，建立"Center2"线型，在图中绘制中心线。

（2）用直线工具、圆、长方形、修剪工具，绘制如图6-2-1所示的图形。

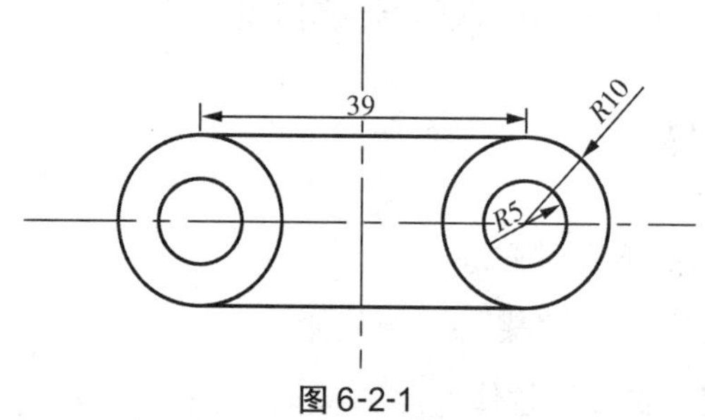


图6-2-1

(3)用“面域”工具制作底面，使用拉伸工具拉伸底面和圆，高度为5。

(4)选择菜单“视图”→“三维视图”→“西南等轴测”，如图6-2-2所示。

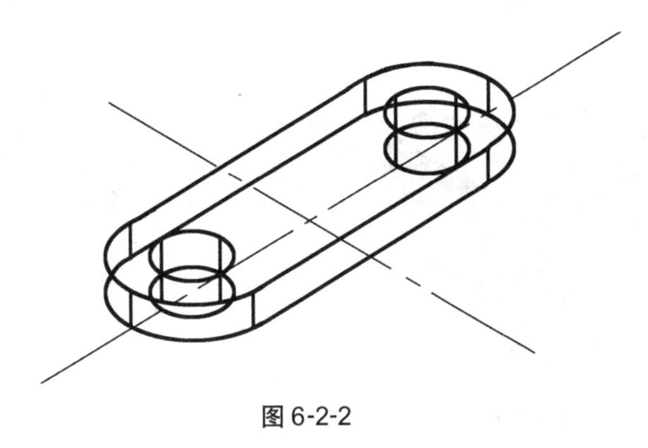

图6-2-2

(5)用差集工具减去中间的圆孔，并用“概念视觉样式”观察，如图6-2-3所示。

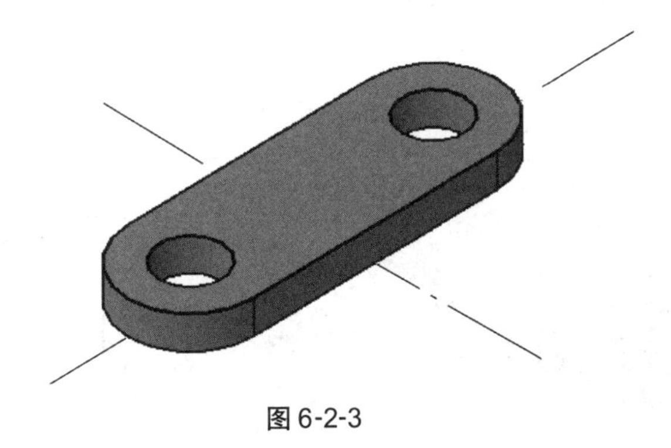

图6-2-3

(6)选择菜单“视图”→“三维视图”→“俯视”，换成俯视模式后，绘制如图6-2-4所示的图形。

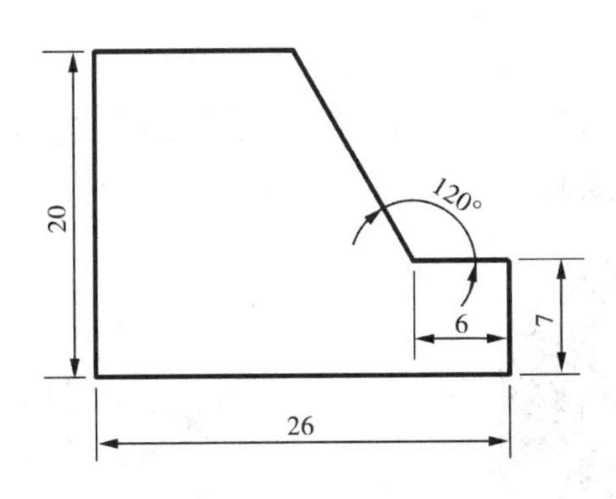


图6-2-4

(7)用“面域”工具制作成面，拉伸高度为20。

(8)选择菜单“视图”→“三维视图”→“西南等轴测”，并用“概念视觉样式”观察,如图 6-2-5 所示。

(9)选择菜单"修改"→"三维操作"→"三维旋转",对图形进行两次旋转后,如图 6-2-6 所示。

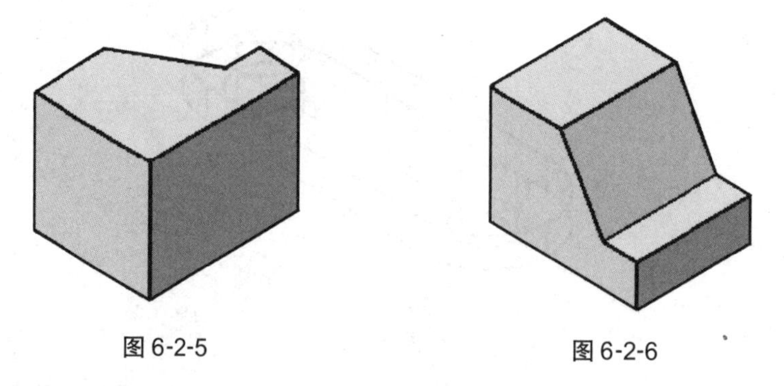

图 6-2-5　　图 6-2-6

(10)选择移动工具 ,将两图形移动到一起,如图 6-2-7 所示。

(11)选择菜单"视图"→"三维视图"→"俯视",换成俯视模式后,绘制如图 6-2-8 所示的长方形。

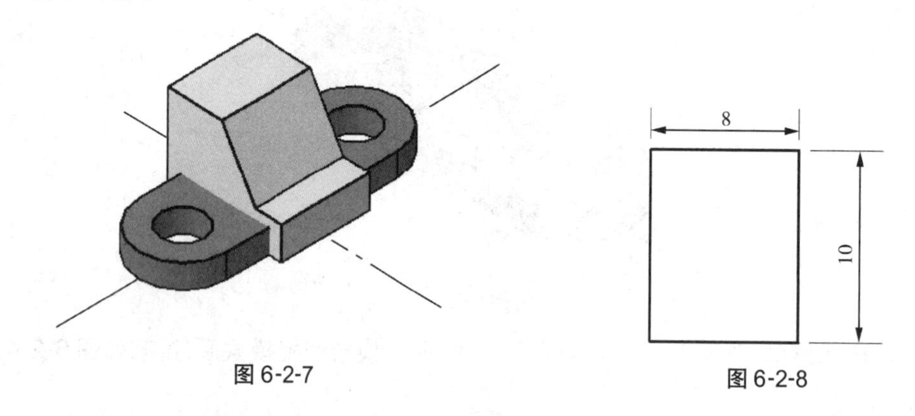


图 6-2-7　　图 6-2-8

(12)拉伸 20 后,选择菜单"视图"→"三维视图"→"西南等轴测",并用"概念视觉样式" 观察。

(13)选择菜单"修改"→"三维操作"→"三维旋转",对图形进行两次旋转后,如图 6-2-9 和图 6-2-10 所示效果。

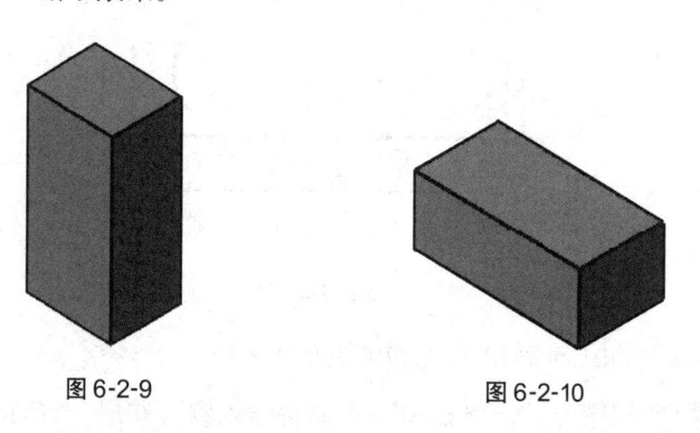

图 6-2-9　　图 6-2-10

（14）选择移动工具，将三图形移动到一起，如图 6-2-11 所示。

（15）用差集工具减去中间的长方体，用“概念视觉样式”观察，如图 6-2-12 所示。

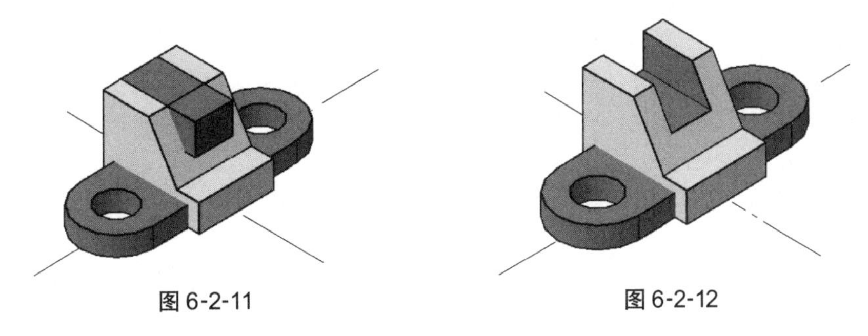

图 6-2-11　　图 6-2-12

（16）用并集命令将两图形合并在一起，得到最终的图形。

## 做一做

根据图 6-2-13 的二维图，绘制图 6-2-14 所示的立体图。

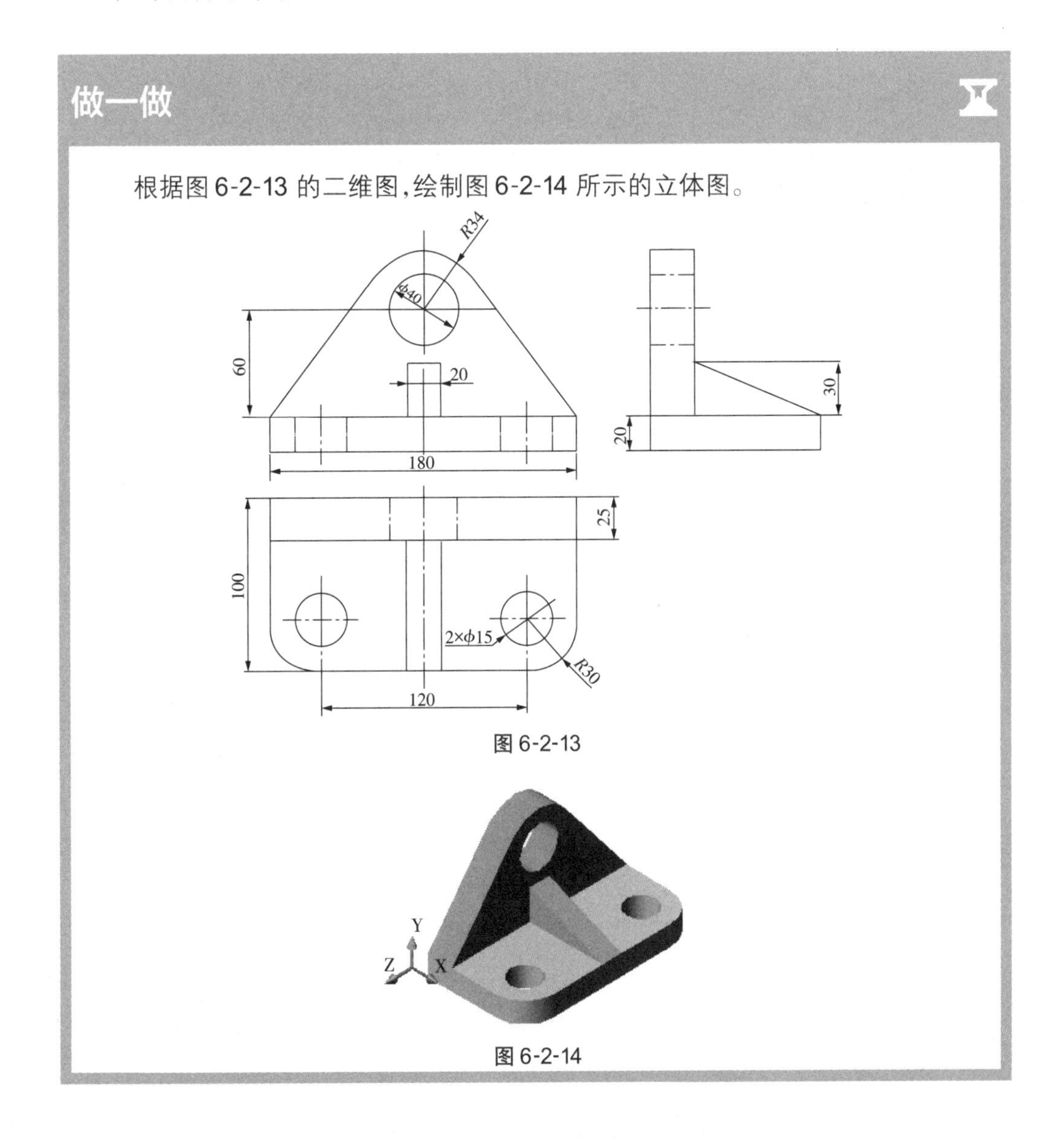


图 6-2-13

图 6-2-14